STEM
创新教育系列

U0261741

趣学 3D One

青少年三维创意与设计 （第2版）

王增福　岳宗海 ◎ 主编

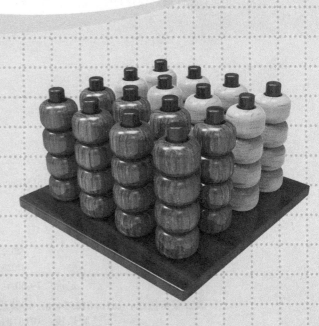

人民邮电出版社
北京

图书在版编目（CIP）数据

趣学3D One：青少年三维创意与设计 / 王增福，岳宗海主编. -- 2版. -- 北京：人民邮电出版社，2022.2

（STEM创新教育系列）

ISBN 978-7-115-57606-4

Ⅰ. ①趣… Ⅱ. ①王… ②岳… Ⅲ. ①三维动画软件－青少年读物 Ⅳ. ①TP391.414-49

中国版本图书馆CIP数据核字(2021)第204029号

内 容 提 要

3D One 是 STEM 教育主打的一款 3D 设计软件，它界面简洁、功能强大、操作简单，非常适合中小学开设 3D 创意设计课程。

本书分为 5 篇，包括基础理论、3D 建模基础、3D 建模提高、3D 创意设计和 3D 打印，详细介绍了 3D One 建模过程中的基本操作、3D 创意设计和 3D 打印的方法。本书以案例为基础，通过案例的制作带动知识点的讲解，介绍 3D One 中各种命令和工具的使用方法。

本书可以帮助初学者快速入门 3D One，适合中小学生学习，可以作为学校兴趣小组的教材，也可以用作教师课堂教学和初学者的参考书。

◆ 主　　编　王增福　岳宗海
　　责任编辑　李永涛
　　责任印制　王　郁　彭志环

◆ 人民邮电出版社出版发行　　北京市丰台区成寿寺路 11 号
　　邮编　100164　　电子邮件　315@ptpress.com.cn
　　网址　https://www.ptpress.com.cn
　　三河市君旺印务有限公司印刷

◆ 开本：700×1000　1/16
　　印张：15　　　　　　　　　2022 年 2 月第 2 版
　　字数：264 千字　　　　　　2025 年 1 月河北第 5 次印刷

定价：79.90 元

读者服务热线：(010)81055410　印装质量热线：(010)81055316
反盗版热线：(010)81055315
广告经营许可证：京东市监广登字 20170147 号

序

近几年创新教育浪潮席卷全国，各学校纷纷开展创客类创意课程。三维创意设计作为 STEM 课程系统的核心之一，能全面锻炼和提高学生在立体空间方面的想象力、创造力、思维力，增长学生的见识，开阔学生的眼界，促进学生对其他学科的学习理解，且开课门槛较低，受到中小学的青睐。

2018 年发布的《普通高中课程方案和语文等学科课程标准（2017 年版）》正式将三维创意设计纳入课程标准。广东、山东、江苏、湖南等多省也先后将三维创意设计写入中小学的信息技术、通用技术、综合实践、劳动技术教材中，要求开展三维创意设计教育。

2021 年 1 月，江西省教育厅发布了《关于进一步推进初中学业水平考试和学生综合素质评价改革的通知》，新增了考试科目——信息技术，三维创意设计相关的信息素养也包含在考核之中。随着教育的深入改革，以三维创意设计为代表的信息素养，或将被越来越多的省份纳入各地初中学业水平考试中。

王增福老师这本著作在很大程度上可以作为三维创意设计爱好者的入门指导书，是中小学教师开设三维创意设计课程的"帮手"！

王增福老师是山东创客教育专家库成员，也是 i3D One 青少年三维创意社区官方认证的创客导师。王老师分享至 i3D One 青少年三维创意社区平台的原创三维设计教学课件，一直广受社区三维创意设计爱好者的好评，学习人次超过 100 万。王老师在2018 年出版的《趣学 3D One——青少年三维创意与设计》受到普遍关注，系该年创新教育三维设计类畅销书之一。时隔 3 年，通过总结课堂实践经验，王老师推出该书的第 2 版，为创新教育实践者提供有力支持。

收到王老师的样稿时，我们仔细阅读，发现本书有几大亮点，非常具有实践意义。第一，紧扣"巧"设计主题，以趣味案例带动知识点讲解；第二，每个案例课后留有探索、思考空间；第三，通过理论讲解和案例制作，在实践操作阶段能够引导初学者独立完成作品创新；第四，适合中小学兴趣小组、教师课堂教学和个人初学者使用。当中的亮点还需读者慢慢探索，此处不展开介绍。

《师说》所言："古之学者必有师，师者，所以传道受业解惑也。"但在创新教育 STEM 重新定义诠释下，现在的教师也不再是充当"传道、受业、解惑"的单一角色，而是更多地扮演"组织者""指导者""促进者"。王老师在繁忙的教学工作之外，不断整理和分享自己的实践心得，汇集成书，非常不易。帮助广大三维创意设计爱好者学有所成，我们相信这是王老师写书的最终目的。

i3D One 全国青少年三维创意社区

2021 年 7 月

前言

随着社会的进步、现代信息技术教育的发展，特别是最近两年人工智能和 STEM 教育的发展，3D 对我们来说已经不再陌生。作为 STEM 项目之一的 3D 创意设计及 3D 打印已经进入中小学信息技术的课堂。

本书内容分为 5 篇，共 30 课，主要内容介绍如下。

• 第 1 篇 基础理论：本篇包含第 1 课 ~ 第 4 课。本篇主要围绕 3D One 相关的基础理论进行讲解，主要包括认识 3D、i3D One 青少年三维创意社区、初识 3D One 和视图操作等 4 部分教学内容。从课程结构上来看，本篇主要分为学习目标、学习难点、探索新知和课后说一说这几个模块。特别是探索新知这部分内容，为了使每课的理论知识清晰有条理，按照活动的方式进行编排。

• 第 2 篇 3D 建模基础：本篇包含第 5 课 ~ 第 12 课。本篇主要是从生活、学习中提取一些案例，通过这些案例引导初学者制作简单的模型，让初学者从中积累 3D 建模技巧和经验，为 3D 创意设计打下基础。本篇主要是运用 3D One 软件中的各种命令和工具设计一些相对来说比较简单易学的 3D 模型。

• 第 3 篇 3D 建模提高：本篇包含第 13 课 ~ 第 18 课。本篇内容是在第 2 篇的基础上进行设计的，主要是运用 3D One 软件中的各种命令和工具设计一些建筑、交通和卡通等题材的 3D 模型，通过这些案例引导初学者逐步创作，去设计一些比较复杂的 3D 模型，让初学者从中积累 3D 建模技巧和经验，为 3D 创意设计打下基础。

从课程环节设计上来看，3D 建模基础篇和 3D 建模提高篇都是按学习目标、学习难点、模型介绍、模型制作巧设计和小小设计家进行编排的。学习目标主要是每一课所要达到的教学程度；学习难点是每一课中相对来说比较难掌握的知识点；模型介绍是对每一课所要制作的模型的介绍；模型制作巧设计是每一课的重点部分，主要介绍模型的设计制作方法；小小设计家是从想一想、画一画、写一写和评一评 4 个方面与初学者进行互动，在互动中让初学者学会思考问题、解决问题，培养初学者独立设计、制作的动手能力。

• 第 4 篇 3D 创意设计：本篇包含第 19 课 ~ 第 26 课。本篇主要是在前 3 篇的基础理论和案例学习的基础上，让学生进入实践操作阶段，独立完成作品的创新。本部分所设计的案例主要是学生身边常见的事物，让学生去发现问题，然后进行设计去解决所发现的问题，每课（第 19、20 课除外）的内容主要围绕项目概述、发现问题、分析问题、解决问题、创意说明、创意设计和制作过程这几个方面。

• 第 5 篇 3D 打印：本篇包含第 27 课 ~ 第 30 课。本篇介绍的是 3D 建模最后一道工序，主要围绕初识 3D 打印、设置 3D 打印机、认识切片软件和 3D 打印流程等 4 部分教学内容，让初学者了解 3D 打印，掌握 3D 打印的基本操作方法，能够打印出自己的 3D 作品。

总之，本书从整体上来说是以案例为基础，通过案例的制作带动知识点的讲解，介绍 3D One 中各种命令和工具的使用方法。除此之外，本书还有一个特点就是操作过程中每课应该注意的问题都配有"操作提示"，它主要是对操作过程中遇到的不易理解的问题进行解读。

非常感谢 i3D One 青少年三维创意社区蒋礼、钟娴薇、钟嘉怡、陈思霓和林山等 5 位老师，他们在本书编写过程中对本书内容结构设计和在技术层面上提供了很多帮助和支持。

为了丰富设计效果，本书引用了 i3D One 青少年三维创意社区主编兔子老师提供的"豌豌 + 豆豆"表情素材，该素材版权归 i3D One 青少年三维创意社区所有，也由衷地感谢兔子老师。

由于编者水平有限，书中难免存在不妥之处，希望大家给予指导，同时也欢迎大家批评指正。

编者

2021 年 7 月

目录

第1篇 基础理论

本篇主要讲解 3D One 相关的基础理论，本部分重点倾向于基础理论学习，主要包括认识 3D、i3D One 青少年三维创意社区、初识 3D One 和视图操作等 4 部分教学内容。

课程内容框架结构如下。

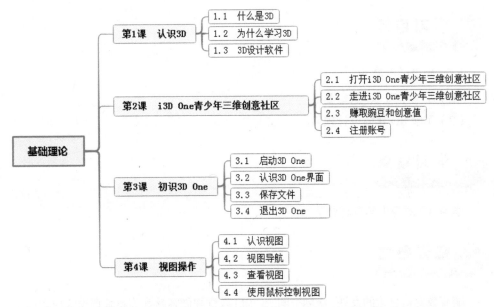

从每课的课程内容上来看，本篇主要分为学习目标、学习难点、探索新知和课后说一说这几个模块。特别是探索新知这部分内容，为了使每课的理论知识清晰有条理，按照活动的方式进行编排。

课题内容框架结构如下。

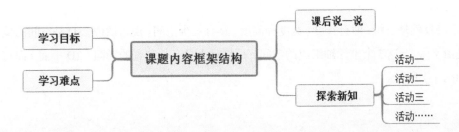

第 1 课

认识 3D

（1）知道什么是 3D。

（2）了解学习 3D 的重要性。

（3）了解 3D 建模设计软件。

学习 3D 对青少年有哪些帮助。

![探索新知]

随着教育信息化的发展，众创空间、STEM 教育和创客教育等新教育模式应运而生，其中 3D 打印就是新教育模式下中小学课堂教学的一门课程。

作为一门新的课程，其中的 3D 是什么意思，中小学课堂教学为什么要学习 3D 呢？本课就让我们一起走进 3D 世界去认识 3D 吧！

1.1　什么是 3D

3D 就是三维，即有长度、宽度和高度，具有三维空间。换句话说，3D 是空间的概念，是由 x、y、z 这 3 个坐标轴组成的空间，是相对于只有长和宽的平面（2D 平面）而言的，如图 1-1 所示。

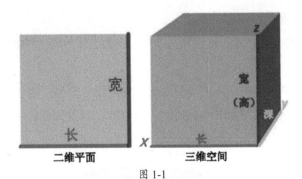

图 1-1

本书所说的 3D 是指利用计算机中的 3D 软件制作出的数字化的虚拟三维立体模型，如图 1-2 所示。

图 1-2

1.2　为什么学习 3D

3D 课程的开设不仅能够激发学生学习的兴趣，还可以培养学生的空间想象力和 3D 创新意识。3D 创意设计具有以下优势。

1. 增强学生的三维空间意识。

3D 模型本身就是一个虚拟的数字化的三维空间，在学习过程中能够使学生的空间意识逐步从二维平面（平面化）向三维空间（立体化）转化，如图 1-3 所示，逐渐强化学生的三维空间意识。

图 1-3

2. 体现跨学科教育教学的特点。

3D 建模是将数学、技术、科学和艺术等融合为一体的跨学科的课程，对学生来说是一门新课程。

学生在 3D 建模过程中，从审美的角度去构思设计模型，通过计算得到所设计模型的尺寸大小和比例关系，如图 1-4 所示，然后使用 3D 建模软件去制作模型。

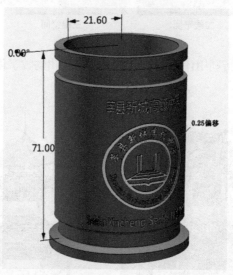

图 1-4

3. 体现 3D 学习的趣味性。

3D 建模本身就是一门趣味性较强的学科，学生通过对 3D 建模软件的学习，在学习过程中结合相关的操作方法和技巧，就可以像搭积木一样设计、制作出自己喜欢的东西，如图 1-5 所示。这样就能够激发学生学习的兴趣。

图 1-5

4. 体现 3D 建模的创新意识。

3D 建模的核心理念就是搭建和创新，在 3D 建模学习过程中主要对学生发散性思维创造进行启发与引导。学生在设计模型时，可以借鉴生活当中的东西，然后充分发挥丰富的想象力进行创新，设计出有创意、有个性的 3D 作品。

如字母 A 抽拉式书立，如图 1-6 所示。该作品主要分为支架和书立，支架内部带有滑动的与书立挡板下端相吻合的卡槽，不用时将书立挡板抽出平放在卡槽中，使用时将书立挡板从卡槽中取出，再将书立挡板下端部位放入卡槽中。

图 1-6

这就要求学生在设计与制作作品时培养创新意识，使自己的 3D 创意设计水平不断提高。

1.3　3D 设计软件

3D 设计软件是学习 3D 的主要工具。目前关于 3D 模型的设计软件有很多，其中常见的有 3ds Max、Cinema 4D、SketchUp、Maya、ZBrush、Blender 和中望 3D 推出的 3D One 等。

这些 3D 设计软件无论从功能上还是操作特点上，都各有所长。如 3ds Max、Cinema 4D、Maya 和 Blender 主要用于建筑装修设计、影视特效设计、游戏设计和动画设计等；SketchUp 主要用于景观设计、建筑设计、室内设计和工业设计；ZBrush 主要用于雕刻，这些软件相对来说比较专业，从学习者的领域来说比较适合成年人学习。

中望 3D 推出的 3D One 是一款专为青少年素质教育开发打造的 3D 设计软件，该软件界面简洁、功能强大、操作简单、易上手，在 3D 建模过程中通过搭积木的形式让初学者使用简单的功能快速搭建出自己的模型作品，如图 1-7 所示。

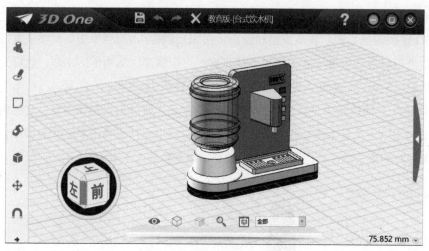

图 1-7

（1）谈谈你是怎样理解 3D 的。

（2）说一说 2D 和 3D 有什么区别。

（3）简单叙述学习 3D 的重要性，除此之外你还认为哪方面很重要？

第 2 课

i3D One 青少年三维创意社区

学习目标

（1）利用网络检索 i3D One 青少年三维创意社区。

（2）认识 i3D One 青少年三维创意社区。

（3）掌握赚取豌豆和创意值的方法。

（4）学会在 i3D One 青少年三维创意社区注册账号。

学习难点

利用 i3D One 青少年三维创意社区学习 3D One。

探索新知

我们要想学习 3D One，首先就要了解 i3D One 青少年三维创意社区，因为该社区不仅能让初学者欣赏优秀的模型，更重要的是还能学习一些来自全国各地的一线教师和 3D 专家提供的优秀课件和案例视频教程。

2.1　打开 i3D One 青少年三维创意社区

用搜索引擎搜索"3D One"或"青少年三维创意社区"，然后打开"i3D One 青少年三维创意社区"官网，如图 2-1 所示。

图 2-1

2.2 走进 i3D One 青少年三维创意社区

i3D One 青少年三维创意社区主要包含作品天地、3D 部落、创客课堂、大赛活动、奖品中心等栏目，下面简要介绍部分栏目所包含的功能。

（1）作品天地：该栏目中主要包括"所有模型"和"模型商店"，其中"所有模型"主要是教师和学生上传的 3D 作品，在这里我们可以通过每期的"精选模型"免费下载优秀模型，如图 2-2 所示，注意过期的精选模型不能免费下载。

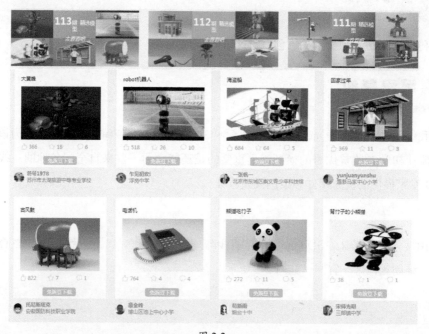

图 2-2

同时，可欣赏不同学段的老师和学生的优秀作品，如图 2-3 所示，也可以下载自己喜欢的作品，注意下载作品模型是需要使用"豌豆"的。

图 2-3

（2）创客课堂：在这里 i3D One 青少年三维创意社区为我们提供了"课程中心""培训中心""教材书籍""资讯案例"等内容。

- 课程中心：课程中心主要是社区部分老师录制的 3D 视频教程，如图 2-4 所示，初学者可以通过观看课程中心的视频教程直观地去学习 3D 创意设计作品制作。

图 2-4

- 教材书籍：其中包含社区为初学者推荐的已经出版或者待出版的关于 3D One 学习的书籍，这部分书籍大部分是来自全国各地的一线教师经过自己实战编写出来的，如图 2-5 所示，初学者可以第一时间去了解书籍内容，然后根据自己的需要到"奖品中心"去兑换。

全部 |3D One书籍 |3D One激活码 |Q币/话费/流量充值 |玩具礼品 |创意文具 |体育用品 |数码产品 |生活用品 |VIP套餐

图 2-5

（3）奖品中心：奖品中心主要包括"勋章馆"和"我的奖品"。根据你上传的作品获得的优秀数量、空间的关注度等可以到"勋章馆"领取属于自己的勋章，如图 2-6 所示。

图 2-6

"奖品中心"有社区准备的丰富多彩、多种多样的奖品，如图 2-7 所示，我们可以通过上传作品到社区赚取"豌豆"，当"豌豆"达到一定数量时，我们就可以在这里兑换自己喜欢的奖品了。

全部奖品 | 3D One书籍 | 3D One激活码 | Q币/话费/流量充值 | 玩具礼品 | 创意文具 | 体育用品 | 数码产品 | 生活用品 | VIP套餐　　　　　消耗豌豆升序排列

VIP专属
豆豆U盘（创客助手设备）
我要兑换

510 豌豆
《思维导图学3D One设计》
我要兑换

750 豌豆
玩转3D世界
我要兑换

600 豌豆
《创客学苑 3D打印趣味设计》
我要兑换

图 2-7

2.3　赚取豌豆和创意值

i3D One 青少年三维创意社区不仅提供了"豌豆"，还提供了"创意值"来激励初学者学习 3D One。那么初学者怎样在社区赚取"豌豆"和"创意值"呢？

初学者赚取"豌豆"和"创意值"的渠道主要有以下几个。

- 在社区上传作品或者视频。
- 在社区对作品进行评论和点赞。
- 通过社区 App 分享、摇一摇。

"豌豆和创意值"的具体获取方法如表 2-1 所示。

表 2-1

用户行为			豌豆	创意值
内容贡献	上传一张图纸	优秀	+20	+20
		良好	+15	+15
		合格	+8	+8
		鼓励	+3	+3
	图纸被下载	优秀	+10	—
		良好	+8	—
		合格	+4	—
		鼓励	+2	—

续表

用户行为			豌豆	创意值
内容贡献	下载图纸	优秀	−20	—
		良好	−15	—
		合格	−8	—
		鼓励	−3	—
	课件审核通过		100 ~ 600 不等	+50
	课件 / 视频被下载		奖励所需豌豆的 70%	—
	下载课件 / 视频		根据资源标价	—
	参加线上活动		+5	+10
	参加线下活动		豌豆券	
社区行为	首次登录		+10	+10
	完善个人资料		+10	+10
	安全认证	手机认证	+10	+10
		邮箱认证	+5	+5
	连续 7 天登录抽奖		2 ~ 20 不等	—
	每日个人中心签到		+2	+6
	评论 / 赞 / 收藏		+2	+2
	精华回复（在线问答）		+3	+3
	首次登录社区 App		+10	—
	在社区 App 中摇一摇		3 ~ 10 不等	—
	用社区 App 分享一张图纸		+2	+5

2.4 注册账号

我们了解了 i3D One 青少年三维创意社区后，要想在社区中上传自己的作品，或者想下载优秀的模型和视频、想在"奖品中心"兑换自己喜欢的礼品、想拥有属于自己的空间，就需要注册一个属于自己的账号。

注册账号的操作步骤如下。

1.单击 i3D One "青少年三维创意社区"官网右上角的"注册"按钮，如图 2-8 所示。

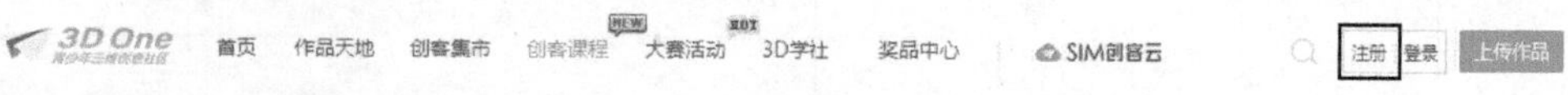

图 2-8

2. 选择自己的身份。在这里有学生和老师两个身份，我们在注册前要选择自己的身份，如果是学生就选择“我是学生”，如果是老师就选择“我是老师”，如图 2-9 所示。

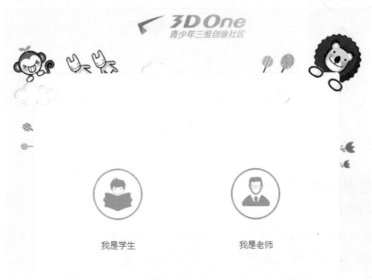

3D One
青少年三维创意社区
我是学生
我是老师

图 2-9

3. 在弹出的注册页面中填写相应的个人信息。注册表中的个人信息主要包括邮箱地址或手机号码、密码、学校、昵称等，当然也可以使用其他方式快速注册，如图 2-10 所示。

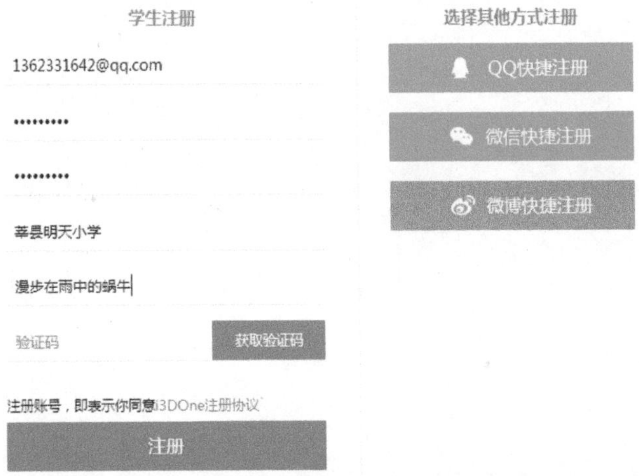

学生注册
1362331642@qq.com
•••••••••
•••••••••
莘县明天小学
漫步在雨中的蜗牛
验证码
获取验证码
注册账号，即表示你同意i3DOne注册协议
注册
选择其他方式注册
QQ快捷注册
微信快捷注册
微博快捷注册

图 2-10

注册账号时需注意以下几点。

（1）使用常用的邮箱地址或者手机号进行注册。

（2）密码一般是字母加数字，不要设置得过于复杂，要容易记住。

（3）关于学生账号注册，教师可以进入个人空间通过"我的学校—学校管理—申请批量注册学生账户"进行批量注册。

（1）进入 i3D One 青少年三维创意社区有哪些方法？

（2）i3D One 青少年三维创意社区主要用来做什么？

（3）在 i3D One 青少年三维创意社区如何赚取豌豆和创意值？

（4）在 i3D One 青少年三维创意社区注册账号时，应该注意什么？

第3课

初识 3D One

（1）了解 3D One。

（2）知道如何启动和关闭 3D One。

（3）认识 3D One 界面。

（4）掌握 3D One 界面的基础操作方法。

3D One 界面的基础操作方法。

　　3D One 是一款专为中小学素质教育开发打造的 3D 设计软件。该软件界面简洁、功能强大、操作简单、易上手，重点整合了常用的实体造型和草图绘制命令，简化了操作界面和工具栏，实现了 3D 设计软件和 3D 打印软件的直接连接，并提供了包括本地磁盘资源和网络云盘资源在内的丰富的案例库，为中小学生提供一个简单易用、自由畅想的 3D 设计平台。

　　该软件通过"搭积木"的形式让初学者使用简单的功能快速搭建出自己的模型作品。即使用户根本不懂制图、不懂设计也没关系，在 3D One 上有丰富的资源库可供用户选择，用户可以随便拖曳出不同的模型来"组装"自己的 3D 场景。

3.1 启动 3D One

3D One 的启动方法和其他 Windows 软件的启动方法一样，它的启动方法有两种，如下。

第一种方法：选择"开始 "/"所有程序"/" ZWSOFT "/" 3D One 教育版（x64）"命令（本书介绍的软件版本为 3D One 教育版），如图 3-1 所示。

第二种方法：双击计算机桌面上的 图标。

3.2 认识 3D One 界面

作为新的信息技术"事物"，我们要想学习它，掌握它，首先就要认识它。不同的软件有不同的界面，作为 3D 设计软件的 3D One 也有自己的界面。

图 3-1

3D One 软件与其他 3D 设计软件相比，它的操作界面简洁，布局合理，所展示的功能易查找，对初学者来说操作简单，易上手。

3D One 的操作界面主要由文件菜单、快捷菜单、标题栏、命令工具栏、视图导航、浮动工具栏、资源库、XY 平面网格（工作区）、坐标值和单位展示框等部分组成，如图 3-2 所示。

图 3-2

（1）文件菜单：包含新建、打开、导入、保存、另存为、导出、退出命令。

（2）快捷菜单：包含保存、撤销、重做、删除命令。

（3）帮助和授权：包含帮助、打开"边学边用"课件、许可管理器、样式命令。

（4）命令工具栏：包含基本实体、草图绘制、草图编辑、特征造型、特殊功能、基本编辑、自动吸附、组合编辑、距离测量和材质渲染工具。

（5）视图导航：视图导航有 26 个不同的面，它可以告诉你当前的模型视角，单击任意一个面也能操作视角。

（6）浮动工具栏：它具有显示或隐藏模型、改变模型显示等功能，主要包括查看视图、渲染模式、显示 / 隐藏、整图缩放和 3D 打印等功能。

（7）资源库：单击界面右侧的按钮可以打开资源库，在这里我们可以查看精选模型、本地磁盘和云盘资源，在 3D One 2.0 中增加了视觉样式和学习与帮助等资源。

3.3 保存文件

在 3D One 中保存文件有两种方式，即保存和另存为。

保存的位置包括本地磁盘和云盘，也就是说我们可以把制作的模型文件保存到计算机中，也可以通过网络保存到云盘中。

保存到本地磁盘就是将文件保存到计算机中，保存的方法有两种。

方法一：选择"文件" / "保存" / "本地磁盘"命令。

方法二：按快捷键 Ctrl+S。

我们可以在弹出的"另存为"对话框中设定文件的保存路径和修改文件名称，保存的文件格式是".Z1"。

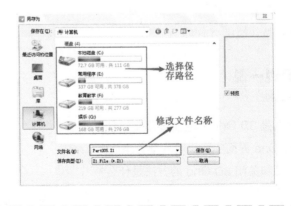

保存到云盘就是将文件通过网络保存到个人模型库中，具体操作步骤如下。

1. 打开"资源库"进行登录，如图 3-3 所示。

2. 选择"文件" / "保存" / "云盘"命令，在弹出的"保存到我的模型库"对话框中进行相应信息的填写，如图 3-4 所示。

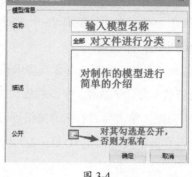

图 3-3   图 3-4

        在 3D One 的众多版本中，对于文件保存问题，有的版本保存含有"本地磁盘和云盘"，有的版本只有"本地磁盘"或"云盘"，不同的版本，其保存的方式稍有差异。因此，在操作时根据实际情况对模型进行保存即可。

3.4 退出 3D One

3D One 的退出方法和其他 Windows 软件的退出方法基本一样，有以下 3 种方法。

第一种：单击界面右上角的⊗按钮。

第二种：选择"文件"/"退出"命令。

第三种：按快捷键 Alt+F4。

（1）什么是 3D One？它主要用来做什么？

（2）3D One 界面主要由哪几部分组成？

（3）启动和关闭 3D One 的方法是什么？

第 4 课

视图操作

（1）知道在 3D One 中视图操作主要是通过视图导航和查看视图操作实现的。

（2）掌握使用"视图导航"和"查看视图"的方法。

使用鼠标操作 3D One 界面。

视图操作在 3D 建模中是最基本的操作，也是最常用的操作，因此认识和学习视图操作非常关键。

4.1 认识视图

3D 建模中的视图就是在三维空间中从不同视点方向上观察三维模型，也就是说在界面中我们可以通过上下左右和前后等不同的角度去观察模型，如图 4-1 所示。视图操作在 3D 建模中非常重要，它可以让我们从不同的角度去观察模型。

图 4-1

在 3D One 中视图操作主要是通过视图导航和查看视图操作实现的，如图 4-2 所示。

视图导航　　　查看视图

图 4-2

4.2　视图导航

视图导航是集视图方位展示和操控于一体的导航图标，它有 26 个面，均可单击，单击任意一个面，就会立即将视图对正该面的位置。它的周围分别有小房子、上下左右三角符号和翻转箭头，如图 4-3 所示。

图 4-3

使用快捷键调整视图方向

1.Ctrl+Home：可以摆正选择的平面。

2.Ctrl+ 方向键：可以快速调整到上、前、左、右视图。

3. 方向键：可以逐步调整视图方向。

4.3　查看视图

除了使用"视图导航"调整视图方向以外，我们还可以使用"查看视图"来调整视图方向，它主要包括"自动对齐视图"和"对齐方向视图"两种，如图 4-4 所示。

图 4-4

自动对齐视图：以水平视角展示视图。

对齐方向视图：通过设置点、x 轴、y 轴和 z 轴的参数来建立视角，从而查看视图，如图 4-5 所示。

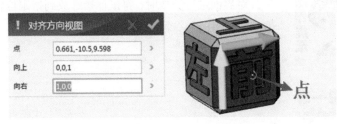

图 4-5

4.4　使用鼠标控制视图

除了使用"视图导航"和"查看视图"来调整视图方向之外，也可以使用鼠标来调整视图方向。通过鼠标对视图的操作主要有选择、移动、重复上一步操作、缩放界面、平移界面和旋转界面等 6 种，它们主要是通过鼠标左键、右键和中键（滚轮）来控制的，如图 4-6 所示（具体功能见表 4-1）。

图 4-6

表 4-1

鼠标按键名称	作用
左键	选择和移动实体
中键	上下滑动鼠标中键缩放界面
	按住鼠标中键不放拖曳鼠标平移界面
	单击鼠标中键重复上一步操作
右键	按住鼠标右键不放拖曳鼠标旋转界面

对界面进行缩放时，将鼠标指针放到指定位置，滚动鼠标中键就会将指定的位置放大或缩小。

（1）你是怎样理解 3D 建模中的视图的？

（2）分别单击视图导航周围的按钮，看看界面有什么变化。

（3）查看视图主要包括哪几种？它们分别有什么作用？

（4）通过鼠标可以对视图进行哪些操作？分别逐一演示。

第2篇　3D 建模基础

本篇主要是运用 3D One 中的各种命令和工具设计一些相对来说比较简单易学的 3D 模型。本篇主要是从生活、学习中提取一些案例，通过这些案例引导初学者制作简单的模型，让初学者从中积累 3D 建模技巧和经验，为 3D 创意设计打基础。

课程内容框架结构如下。

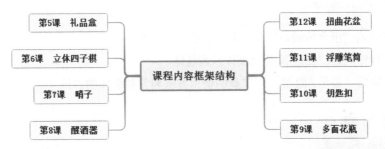

从每一课的环节设计上来看，本篇主要是按学习目标、学习难点、模型介绍、模型制作巧设计和小小设计家进行编排的。学习目标主要是每一课所要达到的教学程度；学习难点是每一课中相对来说比较难掌握的知识点；模型介绍是对每一课所要制作的模型的介绍；模型制作巧设计是每一课的重点部分，主要是介绍模型的设计制作方法；小小设计家是从想一想、画一画、写一写和评一评等 4 个方面与初学者做一个互动。

课题内容框架结构如下。

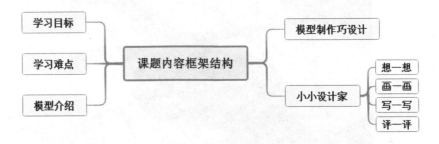

第 5 课

礼品盒

学习目标

（1）认识"组合编辑🎁"工具和"抽壳🐚"工具。

（2）能够利用"交运算⬜"制作八面柱体。

（3）掌握"显示/隐藏🔷"工具的使用方法和复制实体的方法。

学习难点

八面柱体的制作、原点复制、隐藏和显示。

模型介绍

礼品盒一般由盒体和盒盖两部分组成，有的为了方便携带，配有包装袋。本课设计制作的是一个八面柱体礼品盒。

八面柱体的制作、原点复制、隐藏和显示。

5.1　制作八面柱体

1. 在平面网格中添加一个长和宽各为 20、高为 7 的六面体，如图 5-1 所示，单击 ✅ 按钮。

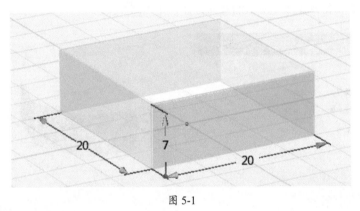

图 5-1

2. 选中六面体，按快捷键 Ctrl+C，在弹出的对话框中将起始点和目标点都设为 0，如图 5-2 所示，单击 ✅ 按钮。

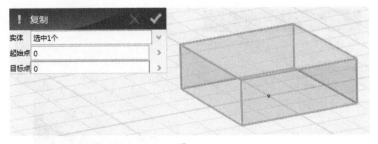

图 5-2

按快捷键 Ctrl+C，在弹出的对话框中将起始点和目标点都设为 0，表示在实体的原点进行复制。

3. 选中一个六面体，使其围绕 z 轴旋转 45°，如图 5-3 所示，单击 按钮。

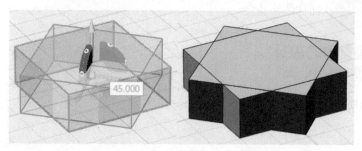

图 5-3

4. 单击"组合编辑 "工具，在弹出的对话框中选择"交运算 "，对两个六面体进行交运算，得到图 5-4 所示的八面柱体，单击 按钮。

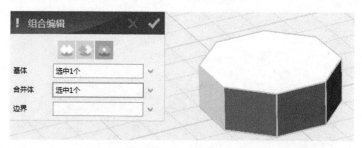

图 5-4

5.2 制作盒盖

1. 选中八面柱体，单击"镜像 "工具，在弹出的对话框中将方式改为"平面"，设置平面为八面柱体的顶面，如图 5-5 所示，单击 按钮。

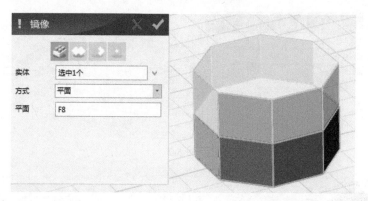

图 5-5

2. 单击"显示 / 隐藏 "中的"隐藏几何体 "工具，在弹出的对话框中设置实体为下面的八面柱体，如图 5-6 所示，单击 按钮。

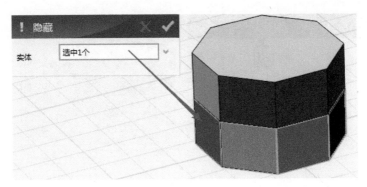

图 5-6

3. 单击"抽壳✿"工具，对盒盖进行抽壳，设置抽壳的厚度为 -1，开放面为底面，如图 5-7 所示，单击✔按钮。

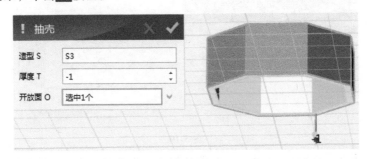

图 5-7

5.3　制作盒体

1. 单击"显示 / 隐藏🗔"中的"显示全部🔩"工具，使隐藏的八面柱体显示出来，如图 5-8 所示。

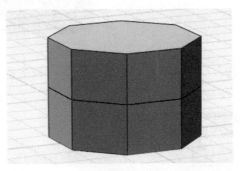

图 5-8

2. 选中盒盖，使用"移动🔧"工具中的"动态移动📐"方式，沿着 z 轴向下移动 -3.5，如图 5-9 所示，单击✔按钮。

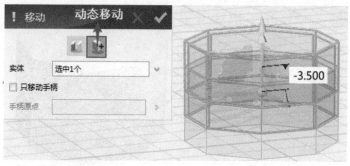

图 5-9

3. 选中盒盖，按快捷键 Ctrl+C，在弹出的对话框中将起始点和目标点都设为 0，如图 5-10 所示，单击✔按钮。

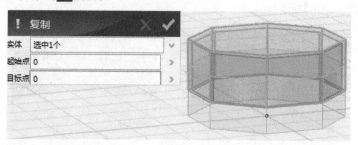

图 5-10

4. 单击"显示 / 隐藏📦"中的"隐藏几何体📦"工具，在弹出的对话框中设置实体为复制的盒盖，如图 5-11 所示，单击✔按钮。

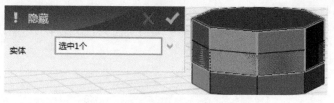

图 5-11

5. 单击"组合编辑📦"工具，在弹出的对话框中选择"减运算🟡"，设置基体为盒体，合并体为盒盖，如图 5-12 所示，单击✔按钮。

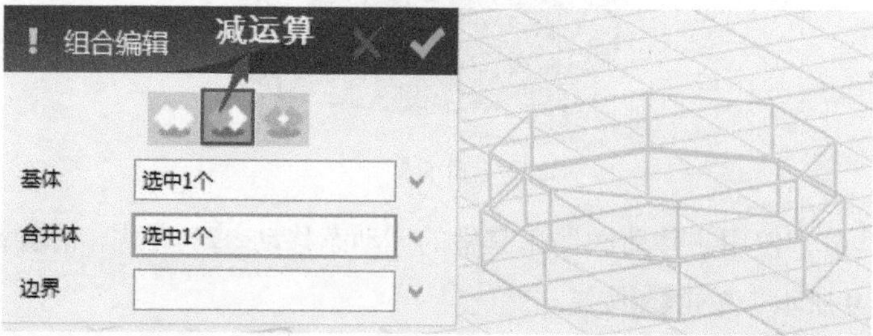

图 5-12

6. 单击"抽壳 ⬮"工具，对盒体进行抽壳，设置抽壳的厚度为 –1，开放面为盒体的顶面，如图 5-13 所示，单击 ✓ 按钮。

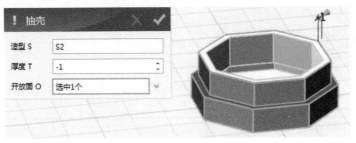

图 5-13

7. 单击"显示 / 隐藏 ⬛"中的"显示全部 ⬮"工具，使隐藏的八面柱体显示出来，如图 5-14 所示。

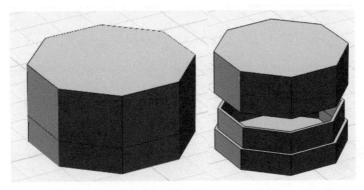

图 5-14

5.4 上色

单击"颜色 ⬮"工具，为礼品盒添加自己喜欢的颜色，完成效果如图 5-15 所示。

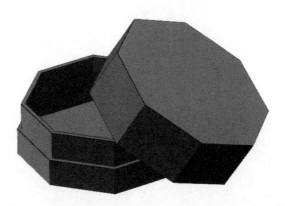

图 5-15

想一想

生活中还有哪些物品可以使用加运算、减运算或交运算进行制作？

_____

_____

_____

_____

画一画

设计一款自己比较喜欢的物品，使用加运算、减运算或交运算进行制作。

写一写

写写你的制作思路。

_____

_____

_____

_____

_____

评一评

对制作的物品进行自我点评，然后把作品上传到社区，让你的同学和朋友评一评，你也评一评同学的作品。

_____

_____

_____

_____

第6课

立体四子棋

（1）认识"阵列""圆角""拉伸"等工具。
（2）掌握"阵列"工具的使用方法。
（3）能使用"阵列"工具设计模型。

学习难点

对立体四子棋的棋柱间距和棋子大小的准确把握。

模型介绍

立体四子棋又叫方垛式四子棋，是屏风式四子棋的立体版。

从整体上看，棋盘采用柱状结构，立有 4×4 组合的棋柱，共 16 根。每根棋柱最多可以串上 4 颗棋子，棋子上有洞可供棋柱插入，以两色区分敌我，每方 32 颗棋子。

在玩的过程中，双方必须轮流把一颗己方棋子串在一根棋柱上，让棋子下落到棋柱底部或其他棋子上，当一方 4 颗棋子先在三维方向的纵向、横向或斜线方向连成一线时获胜。本课就带领大家一起制作立体四子棋。

模型制作巧设计

6.1　制作底座

1. 在平面网格中心添加一个长和宽各为 60、高为 3 的六面体，如图 6-1 所示，单击✅按钮。

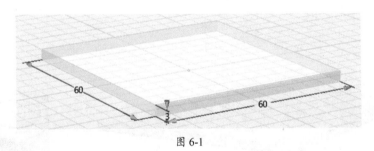

图 6-1

2. 单击"圆角⬡"工具，对六面体进行圆角，圆角参数为 0.5，如图 6-2 所示，单击✅按钮。

操作提示

　　"圆角"是指用一段与角的两边相切的圆弧来替换原来的角的操作，圆角的大小用圆弧的半径表示。

　　对实体边缘进行圆角操作时，先把鼠标指针放在需要进行圆角的实体边缘，然后双击（第一次单击是选择实体，第二次单击是选择边），在弹出的对话框中设置圆角参数，单击✅按钮。

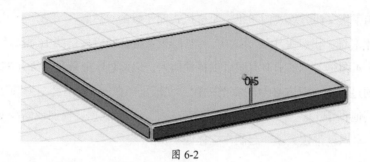

图 6-2

6.2 制作棋柱

1.在底座顶面中心添加一个半径为2、高为30的圆柱体，如图6-3所示，单击✔按钮。

2.单击"圆角 ◎"工具，对圆柱体进行圆角，圆角参数为 0.5，如图 6-4 所示，单击✔按钮。

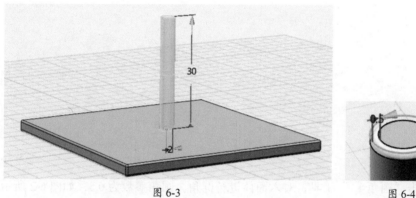

图 6-3

图 6-4

3.将视图切换到前视图 ⬛，选中棋柱，单击"移动 ▐"工具，将棋柱沿 x 轴（绿色的轴）向左移动 20，然后再沿 y 轴（红色的轴）向后移动 −20，如图 6-5 所示，单击✔按钮。

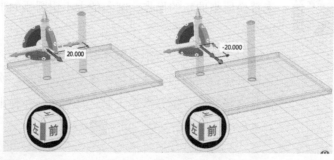

图 6-5

4. 选中棋柱，单击"阵列 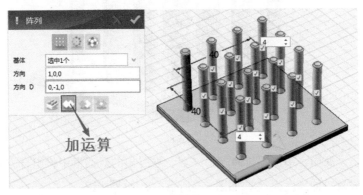"工具，在弹出的对话框中选择"线性"，将方向设为（1,0,0），方向 D 设为（0,-1,0），组合方式设为"加运算"，两个方向的阵列间距均为 40，阵列的个数均为 4，如图 6-6 所示，单击 ✓ 按钮。

图 6-6

6.3　制作棋子

1. 在一个角的棋柱顶面中心添加一个半径为 5、高为 7 的圆柱体，如图 6-7 所示，单击 ✓ 按钮。

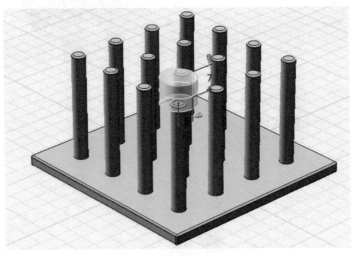

图 6-7

2. 单击"圆角 ⬭"工具，对圆柱体进行圆角，圆角参数为 2.5，如图 6-8 所示，单击 ✓ 按钮。

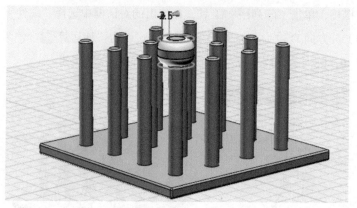

图 6-8

3. 选中棋子底面，单击"拉伸"工具，在弹出的对话框中将组合方式设为"减运算"，设置拉伸高度为 -8，如图 6-9 所示，单击按钮。

图 6-9

4. 选中棋子，单击"移动"工具，将棋子沿 z 轴（黄色的轴）向下移动 -30，如图 6-10 所示，单击按钮。

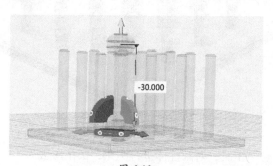

图 6-10

5. 选中棋子，单击"阵列"工具，在弹出的对话框中将阵列方式设为"线性"，方向设为（0,0,1），组合方式设为"创建选中实体"，阵列的间距为 18，阵列的个数为 4，如图 6-11 所示，单击按钮。

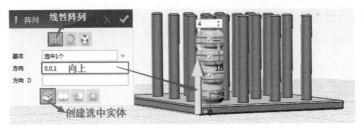

图 6-11

6. 选中 4 颗棋子，单击"阵列 ⣿"工具，在弹出的对话框中将阵列方式设为"线性 ⣿"，方向设为（1,0,0），方向 D 设为（-0,1,0），组合方式设为"加运算 ⬗"，两个方向的阵列间距均为 40，阵列的个数均为 4，如图 6-12 所示，单击 ✔ 按钮。

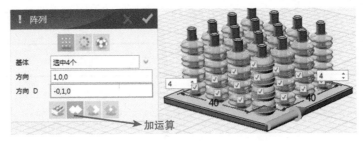

图 6-12

在进行"线性阵列"时，可以同时向两个方向阵列，根据实际情况调整阵列间距和阵列的个数。

6.4　上色

单击"颜色 ◑"工具，为底座和棋柱填充深红色 ▨，棋子的一半填充橘红色 ▨，另一半填充肉色 ▨，完成效果如图 6-13 所示。

图 6-13

小小设计家

想一想

生活中还有哪些物品可以使用"阵列▦"工具制作？

_____

_____

_____

_____

_____

画一画

设计一款自己比较喜欢的，可以使用"阵列▦"工具制作的物品。

写一写

写写你的制作思路。

_____

_____

_____

_____

评一评

对制作的物品进行自我点评,然后把作品上传到社区,让你的同学和朋友评一评,你也评一评同学的作品。

_____

_____

_____

_____

第 7 课

哨子

（1）认识"实体分割 🗖"工具和"拉伸 🗁"工具。

（2）掌握"单击修剪 ✂"工具的使用方法。

（3）能够使用"矩形 ☐""圆形 ⊙""直线 ✏"等工具绘制哨子的草图图形。

对哨子内部结构原理的理解及绘制其内部草图图形。

哨子是一种能吹出尖锐声音的器物，常用于体育比赛时发号令。哨子的发声原理是气流高速地从一个比较窄的缝隙中流过，造成气流紊乱而发声。哨子嘴的作用主要是让气流对着哨子的开口缝隙冲击，引起哨子内空气的振动。

模型制作巧设计

7.1　绘制哨子横截面的图形

1.在平面网格中心添加一个六面体作为辅助体，单击"圆形⊙"工具，在六面体前面中心处创建一个平面网格，然后绘制出一个半径为 10 的圆形和长为 25、宽为 -8 的矩形，如图 7-1 所示。

2.利用"单击修剪▶"工具，将图形中多余的线段修剪掉，如图 7-2 所示，单击✅按钮。

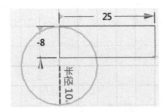
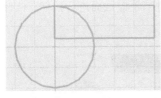
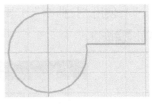

图 7-1　　　　　　　　　　　　　　　　　　　图 7-2

　　　使用草图绘制模型时需注意：草图绘制完成后，若显示蓝色平面，说明草图是封闭的图形；若显示线框轮廓，则说明草图存在问题。

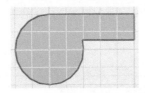
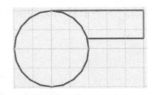

　　　对于所绘制的草图，可以通过草图界面左侧的"显示曲线连通性◯"工具进行检测，如果出现红色方框▢，说明草图中存在缺口或多余的线段；如果出现红色三角形△，说明草图中存在重合线段（重合线段在草图中很难发现）。

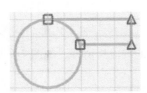

综上所述，绘制草图时容易出现的问题主要有缺口、多余线段和重合线段。缺口可以使用"通过点绘制曲线∿""直线✎"工具或拖曳曲线控制点进行修补；多余线段可以使用"单击修剪┡"工具进行修剪；重合线段可以直接选中后按 BackSpace 键或 Delete 键删除。

7.2 制作哨子实体

1. 使用"拉伸◆"工具对哨子横截面进行拉伸，拉伸的长度为 -15，如图 7-3 所示，单击✔按钮。

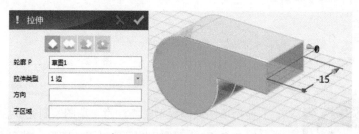

图 7-3

2. 将视图切换到前视图▣，单击"圆形⊙"工具，在哨子前面圆形中心创建一个平面网格，绘制一个半径为 8 的圆形和长为 25、宽为 -4 的矩形，如图 7-4 所示，单击✔按钮。

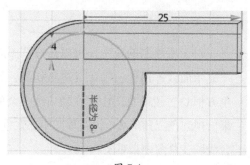

图 7-4

3. 使用"直线✎"工具绘制哨子内部结构图形，如图 7-5 所示；使用"单击修剪┡"工具将图形中多余的线段修剪掉，如图 7-6 所示，单击✔按钮和◉按钮。

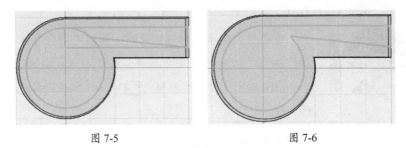

图 7-5　　　　　　　　　　　图 7-6

4.使用"拉伸 🧊"工具对刚绘制的图形进行拉伸,拉伸的长度为-11,如图7-7所示,单击✔按钮。

图 7-7

5.选中哨子内部结构实体,使用"移动 🔧"工具使其沿着 y 轴(红色的轴)向后移动(此处以场景为依据)-2,如图7-8所示。

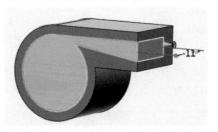

图 7-8

6.单击"组合编辑 🔷"工具,在弹出的对话框中将组合方式设为"减运算 🔷",基体设为哨子实体,合并体设为哨子内部结构实体,如图7-9所示,单击✔按钮。

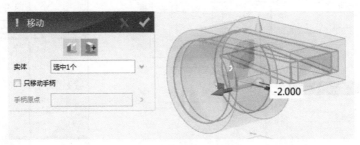

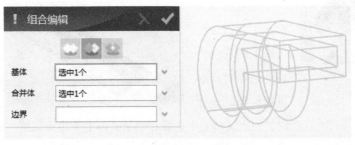

图 7-9

在组合编辑中选择减运算时，如果遇到合并体不好选择的情况，可以将浮动工具栏 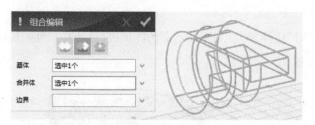 中的渲染模式 设为线框模式 ，然后再进行选择。

操作完毕后，再将线框模式 切换到渲染模式 。

7. 将视图切换到上视图 ，单击"矩形 "工具，在哨子顶面中心创建一个平面网格，绘制一个宽为 -11、长为 3.5 的矩形，如图 7-10 所示，单击 按钮。

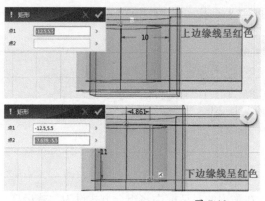
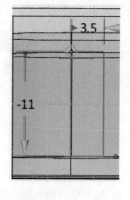

图 7-10

注意图 7-10 中点 1 和点 2 在边缘上的选取，目的是在对矩形进行拉伸减运算

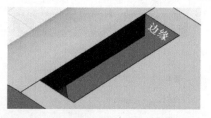

时，使出气口上下边缘和哨子壳体上下边缘保持一致。

8. 使用"拉伸 ◼"工具对矩形进行拉伸,拉伸的长度为 -3,将对话框中的组合方式设为"减运算 ◣",如图 7-11 所示,单击 ✔ 按钮。

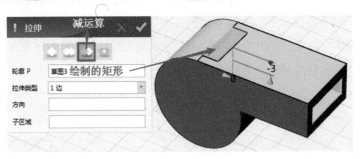

图 7-11

9. 使用"倒角 ◈"工具对哨子顶面开口处左侧内边缘进行倒角,倒角参数为 1.5,如图 7-12 所示,单击 ✔ 按钮。

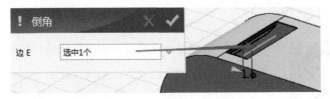

图 7-12

10. 将视图切换到上视图 ⊞,单击"直线 ✎"工具,在哨子顶面中心创建一个平面网格,然后沿着平面网格水平中心线绘制一条直线,如图 7-13 所示,单击 ✔ 按钮。

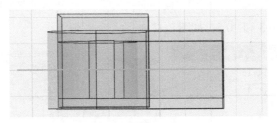

图 7-13

11. 利用"实体分割 ◻"工具把哨子分割成两部分,如图 7-14 所示,单击 ✔ 按钮。

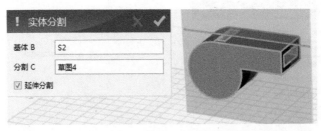

图 7-14

7.3　制作哨子壳的卡扣

1.将视图切换到前视图 ▣，单击"圆形 ⊙"工具，在哨子前面圆形中心处创建一个平面网格，以平面网格中心为圆心绘制一个半径为 8 的圆形，使用"直线 ＼"工具沿着哨子内部结构边缘绘制出哨子内部结构的边缘线图形，如图 7-15 所示。

2.使用"单击修剪 ⊬"工具修剪多余的线条，如图 7-16 所示。

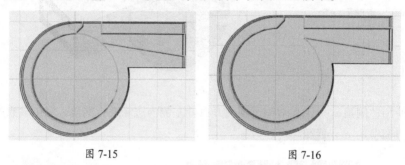

图 7-15　　　　　　　　　　　　　图 7-16

　　　　1.为了避免出现误差，画线操作最好在放大视图的情况下进行。

　　　　2.使用"直线 ＼"工具画线时，当确定一点时，移动鼠标就会出现一条红线，这时沿着红线去画即可。

3.选中绘制的草图图形，使用"偏移曲线 ⟲"工具分别对图形中的曲线进行偏移，偏移的距离分别是 0.5 和 -0.5，如图 7-17 所示。

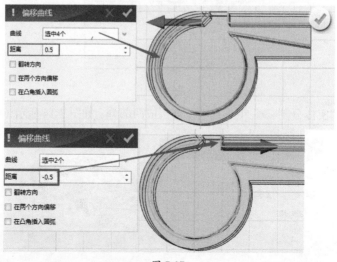

图 7-17

选择相连接线段的操作技巧是按住 Shift 键，单击线段中的任意一条线段。

4.使用"直线＼"工具对偏移后的图形进行封闭，如图 7-18 所示，单击✔按钮。

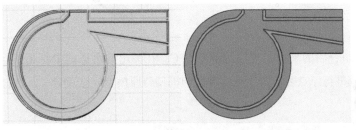

图 7-18

5.隐藏一半哨子模型，然后使用"拉伸 ☐"工具对绘制的草图图形进行拉伸，拉伸的长度为 −2，如图 7-19 所示，单击✔按钮。

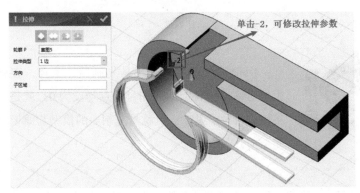

图 7-19

6.选中拉伸后的模型，使用"移动 "工具将模型沿着 y 轴（红色的轴）移动 −6，如图 7-20 所示，单击✔按钮。

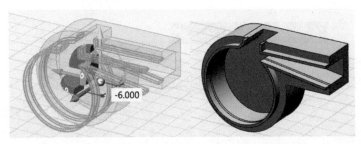

图 7-20

7. 单击"组合编辑 "工具，在弹出的对话框中将组合方式设为"加运算"，基体设为"哨子"，合并体设为拉伸后的卡扣模型，如图 7-21 所示，单击✓按钮。

图 7-21

8. 选中组合后的模型，按快捷键 Ctrl+C，在弹出的对话框中将起始点和目标点均设为 0，对其进行原点复制（注意复制后的模型与原模型完全重合），如图 7-22 所示，单击✓按钮。

图 7-22

 快捷键 Ctrl+C 的作用是复制所选实体，在弹出的对话框中将起始点和目标点均设为 0，就是对实体进行原点复制，也就是复制后的模型与原模型完全重合。

9. 单击"显示 / 隐藏 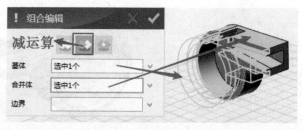"中的"显示全部 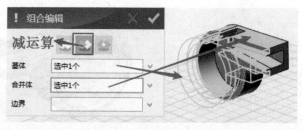"工具，删除辅助六面体。单击"组合编辑 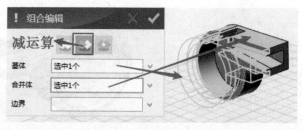"工具，在弹出的对话框中将组合方式设为"减运算 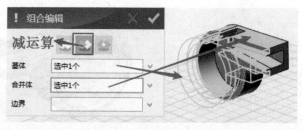"，基体设为哨子前面部分（以场景所处的视图为依据），合并体设为复制的部分，如图 7-23 所示，单击✓按钮。

图 7-23

7.4 制作球体

1.将视图切换到后视图，调整视角，隐藏一半哨子，如图 7-24 所示。

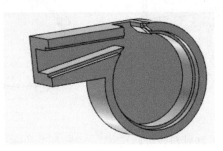

图 7-24

2.在哨子内部圆面中心添加一个半径为 3.5 的球体，如图 7-25 所示，单击✔按钮，再沿 y 轴（红色的轴）适当移动其位置。

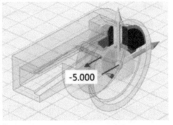

图 7-25

3.单击"显示 / 隐藏"中的"显示全部"工具，结果如图 7-26 所示。

图 7-26

7.5 制作拴绳孔

1.将视图切换到前视图，使用"圆形⊙"工具在哨子头圆面中心单击，创建一个平面网格，然后以网格中心为圆心绘制一个半径为 10 的圆形，如图 7-27 所示，单击✔按钮。

2.使用"直线╲"工具沿着平面网格水平中心线绘制一条水平线，定出拴绳孔的长度，然后再从直线的一端绘制一条斜线，如图 7-28 所示。

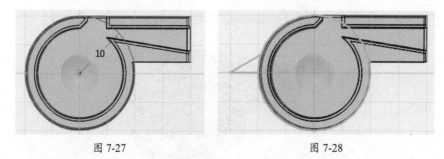

图 7-27   图 7-28

3. 使用"镜像▲"工具对斜线进行镜像，如图 7-29 所示，然后删除镜像线，单击 ✓ 按钮。

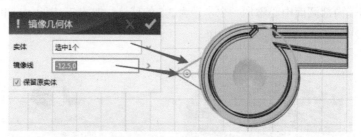

图 7-29

4. 使用"单击修剪 ⊮"工具删除多余的线条，然后使用"链状圆角▢"工具对所绘制的图形进行圆角，圆角参数为 2，如图 7-30 所示，单击 ✓ 按钮。

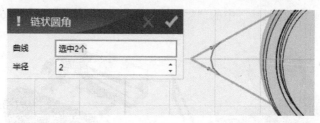

图 7-30

5. 使用"圆形⊙"工具在 x 轴水平中心线上绘制一个半径为 1.5 的圆，如图 7-31 所示，单击 ✓ 和 ✓ 按钮。

图 7-31

6. 利用"拉伸 🔷"工具对所绘制的图形进行拉伸，拉伸的长度为-5，如图7-32所示，单击 ✔ 按钮。

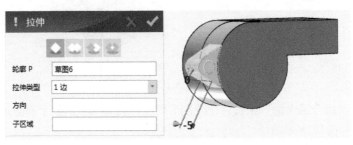

图 7-32

7. 将视图切换到左视图 🔲（视情况而定），利用"移动 🔧"工具将拉伸的拴绳孔沿着 y 轴（红色的轴）移动-5，如图7-33所示，单击 ✔ 按钮。

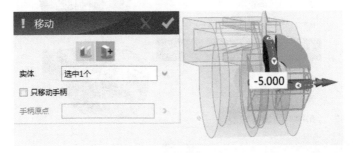

图 7-33

8. 单击"直线 ✏"工具，在哨子圆弧面处创建一个平面网格，然后沿着哨子的缝隙绘制一条垂直线，如图7-34所示，单击 ✔ 和 ✔ 按钮。

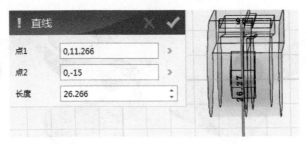

图 7-34

9. 使用"实体分割 📦"工具对模型进行分割，如图7-35所示，单击 ✔ 按钮。

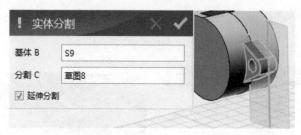

图 7-35

10. 单击"组合编辑 🍥"工具，使分割后的拴绳孔和哨子的各个部分进行"加运算 🔁"，如图 7-36 所示。

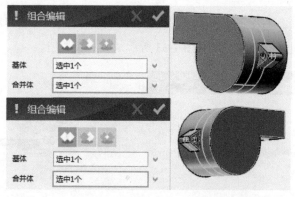

图 7-36

7.6 上色

使用"颜色 🎨"工具为哨子上色，完成效果如图 7-37 所示。

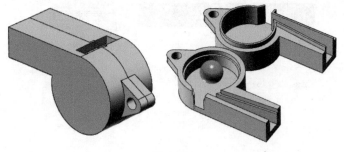

图 7-37

想一想

　　想一想生活中哪些物品可以使用"草图绘制"中的"矩形▢""圆形⊙"和"直线＼"工具绘制成形，然后借助"拉伸🔲"或"实体分割🔲"等工具成形？

_____

_____

_____

_____

画一画

　　把你最熟悉的生活物品画出来。

写一写

写写你的制作思路。

_____

_____

_____

_____

_____

评一评

对制作的物品进行自我点评，然后把作品上传到社区，让你的同学和朋友评一评，你也评一评同学的作品。

_____

_____

_____

_____

醒酒器

学习目标

（1）认识"椭圆形⊙""圆弧⌒""链状圆角▢""旋转🔄""扫掠▱"等工具。

（2）掌握"旋转🔄"和"扫掠▱"工具的使用方法。

学习难点

醒酒器草图的绘制。

模型介绍

　　醒酒器又叫醒酒壶或醒酒瓶，是用来让红酒与空气接触，使其香气充分挥发，隔开酒中沉淀物的玻璃器皿，从外形看它呈长颈大肚的形状。本课就带领大家一起制作醒酒器。

邮
电

8.1 画醒酒器草图

1.将视图切换到上视图 上，单击"直线 "工具，在平面网格中单击进入草图界面，沿着平面网格垂直中心线画出醒酒器的高，使用"椭圆形 "和"直线 "工具画出醒酒器横截面一半草图，如图 8-1 所示，单击 按钮。

2. 单击"单击修剪 "工具，将草图中多余的线条修剪掉，如图 8-2 所示，单击 按钮。

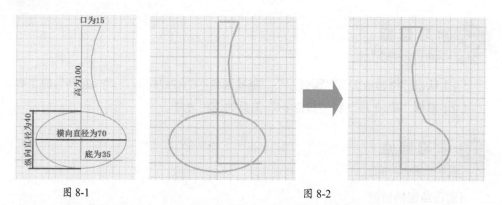

图 8-1   图 8-2

3. 使用"链状圆角 "工具对草图瓶底、瓶肚和瓶颈衔接处分别进行圆角，圆角参数分别为 5、25 和 25，如图 8-3 所示，待圆角设置确定后单击 按钮。

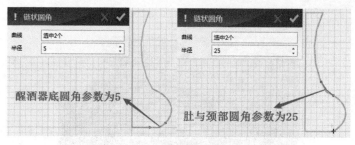

图 8-3

4.单击"旋转 "工具，对醒酒器草图进行旋转，使其成为实体，如图 8-4 所示，单击 按钮。

5.将视图切换到上视图 上，单击"直线 "工具，单击平面网格创建草图界面，然后在醒酒器口处画一条斜线，如图 8-5 所示，单击 和 按钮。

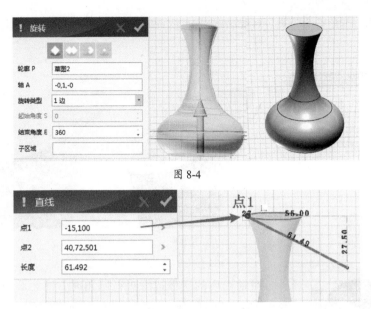

图 8-4

图 8-5

6. 单击"实体分割 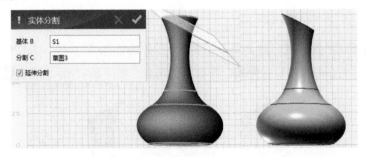"工具，对醒酒器口进行分割，删除多余部分，如图 8-6 所示，单击✔按钮。

图 8-6

7. 单击"抽壳 🫙"工具，对醒酒器进行抽壳，抽壳的厚度为 -1.5，开放面为醒酒器斜口面，如图 8-7 所示，单击✔按钮。

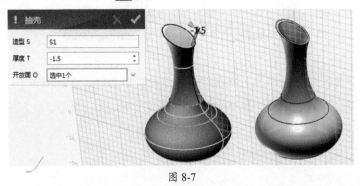

图 8-7

8. 单击"圆角 ◓"工具，对醒酒器斜口进行圆角，圆角参数为 0.75，如图 8-8 所示，单击 ✔ 按钮。

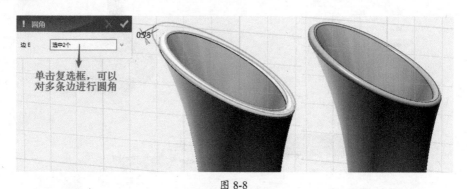

图 8-8

对抽壳后的实体边缘进行圆角时，注意圆角参数不能大于抽壳厚度的 1/2，假设抽壳的厚度为 1.5，那么圆角的参数应小于或等于 0.75。

8.2 制作醒酒器手柄

1. 将视图切换到上视图 上，单击"通过点绘制曲线 ∿"工具，单击平面网格创建草图界面，然后在醒酒器口右侧画一条 C 形的曲线，如图 8-9 所示，单击 ✔ 和 ⊘ 按钮。

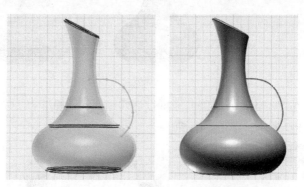

图 8-9

2. 单击"椭圆形 ⊙"工具，在曲线上任意位置单击创建平面网格（草图界面），对齐视图，在平面网格中心画一个横向直径为 -4、纵向直径为 -7 的椭圆形，如图 8-10 所示，单击 ✔ 和 ⊘ 按钮。

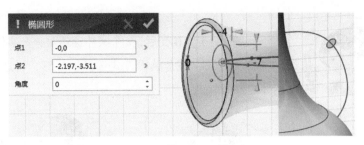

图 8-10

3.单击"扫掠"工具，对绘制的椭圆形进行扫掠使其变成实体，如图 8-11 所示。

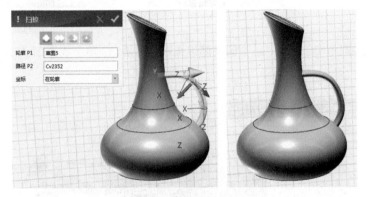

图 8-11

4.单击"组合编辑"工具，选择"加运算"，将醒酒器和手柄进行合并，如图 8-12 所示，单击按钮。

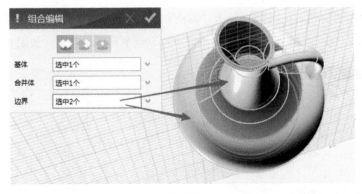

图 8-12

问题：两实体相交后，一个实体穿透另一个实体。

解决方法：组合编辑方式选择加运算，再选择基体边界。

5. 单击"圆角 🔘"工具，对手柄根部边缘进行圆角，圆角参数为 2，如图 8-13 所示，单击 ✔ 按钮。

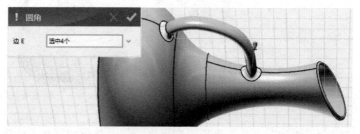

图 8-13

8.3 上色

1. 将视图切换到右视图 🔲，单击"移动 🔧"工具，使醒酒器模型围绕着 x 轴（绿色的轴）旋转 -90°，然后将其沿着 z 轴向上移动到平面网格上方，如图 8-14 所示。

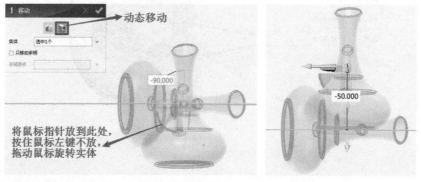

图 8-14

2. 单击"颜色 🔵"工具，单击"自定义"按钮，在弹出的"选择颜色"对话框中调整醒酒器的颜色，将透明色都设置为 60，然后为醒酒器添加颜色，完成效果如图

8-15 所示。

图 8-15

想一想

在我们的生活中，还有哪些物品可以使用"旋转🌀"或"扫掠🧊"工具制作出来？

_____

_____

_____

画一画

设计一款自己比较喜欢的，可以使用"旋转🌀"或"扫掠🧊"工具制作的物品。

写一写

写写你的制作思路。

_____

_____

_____

_____

_____

评一评

对制作的物品进行自我点评，然后把作品上传到社区，让你的同学和朋友评一评，你也评一评同学的作品。

_____

_____

_____

_____

第 9 课

多面花瓶

学习目标

（1）认识"正多边形◇"工具和"放样◎"工具。
（2）掌握"正多边形◇"工具和"放样◎"工具的使用方法。

学习难点

（1）"放样◎"工具的使用方法。
（2）多面物体特征的把握和设计。

模型介绍

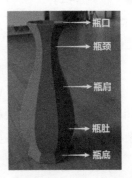

瓶口
瓶颈
瓶肩
瓶肚
瓶底

　　花瓶是一种器皿，一般由瓶口、瓶颈、瓶肚和瓶底等4部分组成。本课就带领大家制作一款多面花瓶。

模型制作巧设计

9.1 制作花瓶的瓶底、瓶肚、瓶肩、瓶颈和瓶口的面

1.绘制瓶底。将视图切换到上视图 [上]，单击"正多边形 ◯"工具，在平面网格中心创建一个平面网格（注意，这里创建的平面网格与界面中的平面网格是重叠的），在创建的平面网格中心绘制一个半径为 10 的正八边形，注意在弹出的对话框中将边数设为 8，如图 9-1 所示，单击 ✔ 按钮和 ✅ 按钮。

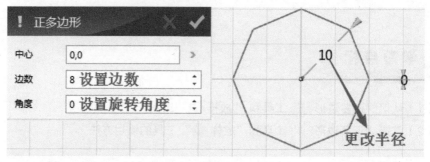

图 9-1

2.选中绘制的草图——正八边形，单击"移动 ⬚"工具，沿着 z 轴向上移动 5（注意，这里移动的参数不做任何要求），如图 9-2 所示。

图 9-2

3.使用同样的方法，分别绘制出瓶肚、瓶肩、瓶颈和瓶口的面，调整好它们之间的间距和大小，如图 9-3 所示。这里注意它们之间的大小关系和距离关系。

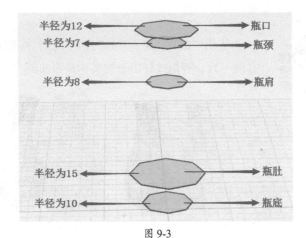

图 9-3

1.为了方便操作，将"浮动工具栏 👁 ⬡ ⬢"中的"渲染模式⬡"改为"线框模式⬡"。

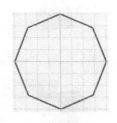

2.制作完毕后再将"线框模式⬡"改为"着色模式⬢"。

注意瓶口、瓶颈、瓶肩、瓶肚和瓶底之间的距离和大小，因为面的大小和距离的大小决定着花瓶的形状。

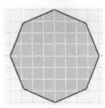

9.2 制作瓶子的形状

1.单击"放样🔲"工具，对所绘制的瓶底、瓶肚、瓶肩、瓶颈和瓶口等 5 个平面进行放样，如图 9-4 所示。注意在弹出的对话框中将放样类型设为"轮廓"，放样的方向要一致，否则会出现扭曲现象。

1. 注意放样类型的选择。
2. 放样的方向要一致。

图 9-4

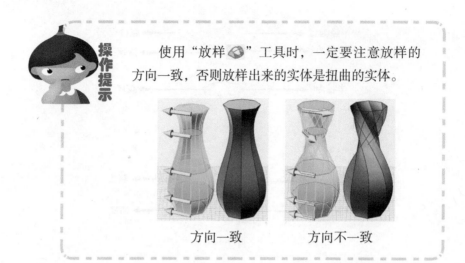

使用"放样 ◇"工具时，一定要注意放样的方向一致，否则放样出来的实体是扭曲的实体。

方向一致　　　　　　方向不一致

2. 单击花瓶底面，单击"拉伸 ◆"工具，对其进行拉伸，拉伸的高度为 5，拔模角度为 37（拔模角度可根据实际建模情况而定），在弹出的对话框中选择"加运算 ↔"，如图 9-5 所示，单击 ✔ 按钮。

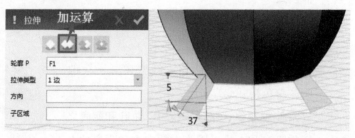

图 9-5

3. 单击"圆角 ◇"工具，对花瓶除瓶口外的边线进行圆角，圆角参数为 1，如图 9-6 所示，单击 ✔ 按钮。

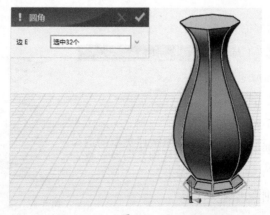

图 9-6

9.3 对花瓶进行抽壳

1. 选中花瓶，单击"抽壳 "工具，对花瓶进行抽壳，在弹出的对话框中将厚度设为 -1.7（抽壳厚度可根据实际情况调节），开放面为花瓶的顶面，如图 9-7 所示。

图 9-7

2. 单击"圆角 ⬭"工具，对瓶口进行圆角，圆角参数为 0.5，如图 9-8 所示，单击 ✓ 按钮。

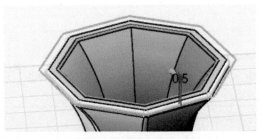

图 9-8

> 对实体边缘进行圆角操作时，可以按住 Shift 键不放，单击瓶口的内外边缘，这样可以快速地把相连接的边进行圆角，因为边与边之间衔接的地方是圆滑的边。

9.4 上色

单击"颜色 ⬤"工具，为花瓶上色，完成效果如图 9-9 所示。

图 9-9

想一想

　　在我们的生活中，还有哪些物品可以使用"放样 🖱" 工具制作出来？

_____

_____

_____

_____

画一画

　　设计一款自己比较喜欢的，可以使用"放样 🖱" 工具制作的物品。

写一写

写写你的制作思路。

_____

_____

_____

_____

_____

评一评

对制作的物品进行自我点评，然后把作品上传到社区，让你的同学和朋友评一评，你也评一评同学的作品。

_____

_____

_____

_____

第 10 课

钥匙扣

第 10 课

学习目标

（1）认识"预制文字 $\mathbb{A}$"工具。

（2）掌握"镶嵌曲线 $\diamond$"工具和"偏移曲线 $\diamond$"工具的使用方法。

学习难点

"镶嵌曲线 $\diamond$"工具的使用方法。

模型介绍

钥匙扣是挂在钥匙圈上的一种装饰品，它精致小巧、造型多种多样，是人们随身携带的日常用品，现在已经成为人们相互馈赠的小礼品。本课就带领大家制作一款钥匙扣。

模型制作巧设计

10.1　制作钥匙扣基体

1.将视图切换到上视图，单击"椭圆形⊙"工具，在平面网格中心画一个横向直径为 60、纵向直径为 -40 的椭圆形，如图 10-1 所示，单击 ✅ 按钮。

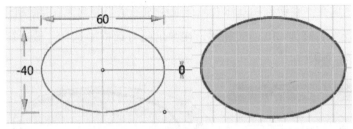

图 10-1

2.单击"拉伸 "工具，对椭圆形进行拉伸，拉伸的高度为 4，如图 10-2 所示，单击 ✅ 按钮。

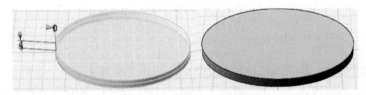

图 10-2

3. 对钥匙扣基体进行挖槽。将视图切换到上视图，单击"椭圆形⊙"工具，在拉伸的椭圆形柱体顶面中心创建一个平面网格（草图界面），在平面网格水平中心线网格中心偏右画一个横向直径为 48、纵向直径为 -35 的椭圆形，如图 10-3 所示，单击 ✅ 按钮。

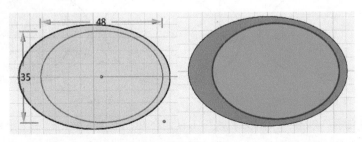

图 10-3

4.单击"拉伸 "工具，对绘制的椭圆形进行拉伸，拉伸的高度为 -1，在弹出的对话框中选择"减运算 "，如图 10-4 所示，单击 ✅ 按钮。

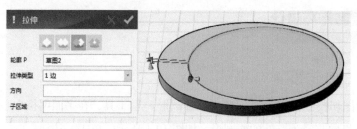

图 10-4

5. 制作钥匙孔。在钥匙扣基体右侧顶面添加一个半径为 3（根据制作情况设定这里的柱体半径）、高为 -10 的圆柱体，在弹出的对话框中选择"减运算"，如图 10-5 所示，单击✓按钮。

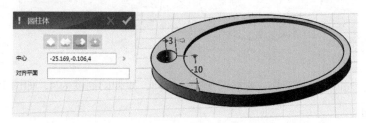

图 10-5

10.2 添加文字

1. 画辅助曲线。将视图切换到上视图，单击"预置文字"工具，单击基体内部椭圆形槽中心，创建一个平面网格（草图界面），绘制一个横向直径为 47、纵向直径为 -34 的椭圆形，单击✓按钮；然后单击"直线"工具沿着网格水平中心线画一条直线，如图 10-6 所示，单击✓按钮。

2. 单击"单击修剪"工具，将上半部分圆弧剪掉，单击✓按钮，如图 10-7 所示。

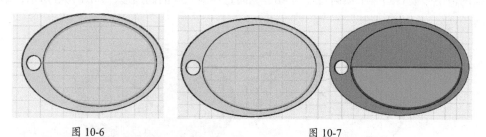

图 10-6   图 10-7

3. 添加文字。单击"预制文字"工具，在椭圆形槽底面创建一个平面网格（草图界面），将鼠标指针移动至半椭圆草图右侧凸角处，单击确定原点，在文字输入框中输入手机号码 13333333333，将字体设为微软雅黑，样式设为加粗，大小设为 5，如图 10-8 所示，单击✓按钮。

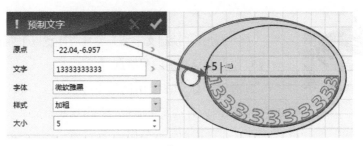

图 10-8

4. 单击"预制文字 **A**"工具，在"13333333333"位置上方单击，确定输入文字的原点位置，然后在文字输入框内输入"张三"，再调整文字的大小，如图 10-9 所示，单击✔按钮。

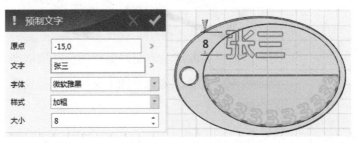

图 10-9

5. 单击"移动 **🖐**"工具，将文字移动到手机号码正上方，如图 10-10 所示，单击✅按钮，删除辅助曲线，如图 10-11 所示。

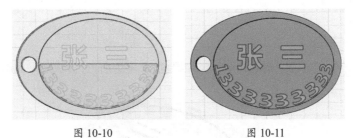

图 10-10　　　　　　　　　图 10-11

6. 对文字镶嵌曲线。单击"镶嵌曲线 **🐍**"工具，在弹出的对话框中将面设为椭圆形槽底面，曲线设为绘制的手机号码和姓名，偏移设为 1，如图 10-12 所示，单击✔按钮。

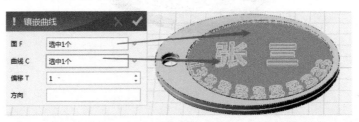

图 10-12

（一）使用"预制文字 A"工具应注意以下两点。

1. 原点就是文字的起始点。

2. 对于字体，在使用过程中应根据实际情况选择"加粗"，因为有些文字加粗后会出现线条交叉现象。

（二）镶嵌曲线的使用。

1. 如果直接在实体的平面上绘制二维草图，可以直接使用"镶嵌曲线 🔧"工具对二维草图进行操作。

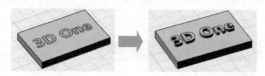

2. 如果在曲面上绘制二维草图，必须借助"投影曲线 ⬭"工具，先对草图（文字）进行投影，然后再镶嵌曲线。

10.3 上色

使用"颜色 🎨"工具为钥匙扣基体添加绿色，文字为白色，完成效果如图 10-13 所示。

图 10-13

为实体的单独面添加颜色时，按住 Shift 键单击所要添加颜色的面，即可对相邻的面同时添加相同的颜色或材质。

想一想

在我们的生活中，还有哪些带有文字和图案的生活用品？

_____

_____

_____

_____

画一画

尝试设计一个带有文字或图案的生活用品。

写一写

写写你的制作思路。

_____

_____

_____

_____

_____

评一评

对制作的生活用品进行自我点评，然后把作品上传到社区，让你的
同学和朋友评一评，你也评一评同学的作品。

_____

_____

_____

_____

第11课

浮雕笔筒

（1）认识"圆柱折弯 🔺"工具和"浮雕▣"工具。

（2）掌握"浮雕▣"工具的使用方法。

学习难点

在制作模型过程中"浮雕▣"工具的具体使用。

模型介绍

　　笔筒是办公用品之一，为筒状盛笔的器皿，多为直口、直壁，口底相若，造型相对简单，没有大的变化。本课就带领大家制作一款浮雕笔筒。

11.1 制作笔筒壁

1.在平面网格中心添加一个长为 80、宽为 40、高为 3 的六面体，如图 11-1 所示，单击✔按钮。

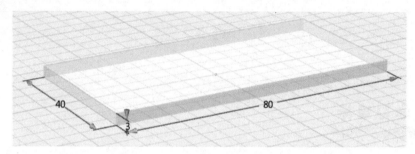

图 11-1

2.将视图切换到上视图，单击"浮雕"工具，选择图片，单击"打开"按钮，如图 11-2 所示。

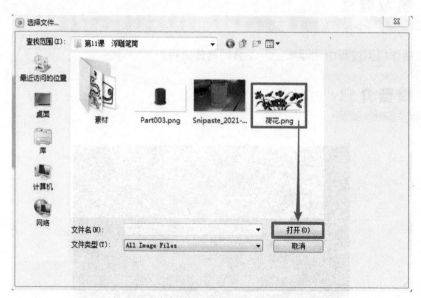

图 11-2

3.在弹出的对话框中将最大偏移设为 -0.5，宽度设为 91，分辨率设为 0.03，单击✔按钮，如图 11-3 所示。

图 11-3

在浮雕操作过程中，相对来说设置项较多，不同的设置项会对浮雕的效果产生不同的影响。

1. 最大偏移：影响浮雕的凹凸关系，偏移参数越大，凸出来或凹进去的就越大；正数值在平面上做减法，使浮雕达到凹进去的效果；负数值在平面上做加法，使浮雕达到凸出来的效果。

2. 宽度：影响图片的大小。

3. 原点：设定图片的位置。

4. 旋转：对图片进行旋转。

5. 分辨率：影响浮雕效果的精细度，分辨率越小，浮雕效果越精细，质量越高。

6. 贴图纹理显示：影响是否显示图片，如果显示图片，则勾选此复选框。

4. 调整视角，单击"圆柱折弯 ⚓"工具，在弹出的对话框中设置造型为笔筒筒壁，基准面为筒壁底面，选择"角度"单选项，角度设置为 360，旋转设置为 90，如图 11-4 所示，单击 ✔ 按钮。

图 11-4

5. 选中筒壁，单击"移动 🔲"工具，使其围绕 y 轴旋转 -90°，单击 ✅ 按钮，如图 11-5 所示。

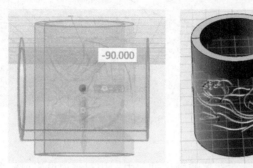

图 11-5

11.2 制作笔筒底座

1. 在平面网格中添加一个半径为 18、高为 4 的圆柱体，如图 11-6 所示，单击 ✅ 按钮。

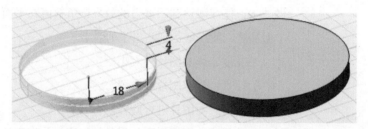

图 11-6

2. 单击"自动吸附 🔲"工具，在弹出的对话框中设置实体 1 为笔筒底面，实体 2 为底座（圆柱体），如图 11-7 所示，单击 ✅ 按钮。

图 11-7

3. 单击"组合编辑 🔲"工具，对笔筒壁和笔筒底座进行"加运算 🔲"，如图 11-8 所示，单击 ✅ 按钮。

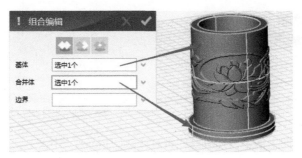

图 11-8

11.3 上色

单击"颜色🎨"工具，选择"红色"，通过单击"自定义"按钮在"选择颜色"
对话框中调整颜色，完成效果如图 11-9 所示。

图 11-9

小小设计家

想一想

在我们的生活中，还有哪些带有浮雕的物品或建筑？

_____

_____

_____

_____

画一画

设计一个自己喜欢的浮雕模型。

写一写

写写你的制作思路。

_____

_____

_____

_____

评一评

对制作的浮雕模型进行自我点评,然后把作品上传到社区,让你的同学和朋友评一评,你也评一评同学的作品。

_____

_____

_____

_____

扭曲花盆

学习目标

（1）认识"扭曲 ✈"和"锥削 ▲"工具。
（2）掌握"扭曲 ✈"和"锥削 ▲"工具的使用方法。

学习难点

使用"扭曲 ✈"和"锥削 ▲"工具设计模型。

模型介绍

图中模型为种花用的一种器皿，呈口大底小的倒圆台或倒棱台形状。本课就带领大家制作一款别出心裁的扭曲花盆。

12.1　制作盆体

1. 在平面网格中心添加一个长和宽各为 20、高为 4 的六面体，如图 12-1 所示，单击✔按钮。

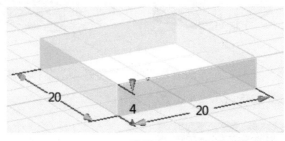

图 12-1

2. 使用类似的方法再添加 3 个六面体，长分别为 22、24、26，宽分别为 22、24、26，高均为 4，如图 12-2 所示。

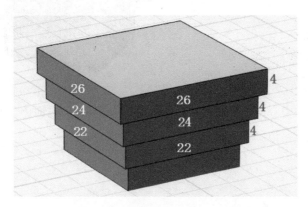

图 12-2

3. 使用"组合编辑🧊"工具对 4 个六面体进行"加运算🔁"，如图 12-3 所示。

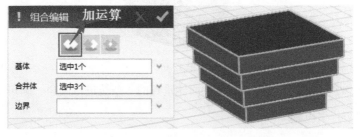

图 12-3

4. 单击"圆角<img_1/>"工具，对盆体第 1 层和第 3 层的垂直边缘进行圆角，圆角参数为 6.8，如图 12-4 所示，单击 ✔ 按钮。

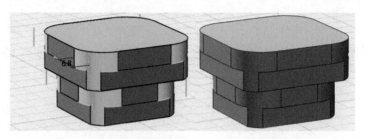

图 12-4

5. 单击"锥削<img_2/>"工具，在弹出的对话框中设置造型为盆体，基准面为盆体顶面，锥削因子为 0.7，如图 12-5 所示，单击 ✔ 按钮。

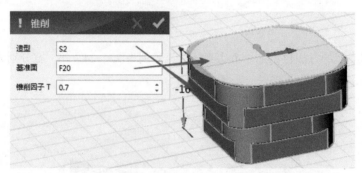

图 12-5

6. 在盆体顶面中心添加一个长和宽各为 28、高为 −2 的六面体，如图 12-6 所示，单击 ✔ 按钮，制作盆边。

图 12-6

7. 使用"圆角"工具对添加的六面体垂直的 4 条棱进行圆角，圆角参数为 6.8，如图 12-7 所示，单击 ✔ 按钮。

图 12-7

8. 单击"浮动工具栏 👁 🔾 ▢"、"显示 / 隐藏 ▱"中的"隐藏几何体 ▱"工具，将盆边隐藏，再单击"抽壳 ▰"工具，对盆体进行抽壳，抽壳的厚度为 -1.5，开放面为盆体的顶面，如图 12-8 所示，单击 ✓ 按钮。

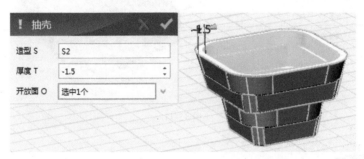

图 12-8

9. 单击"浮动工具栏 👁 🔾 ▢"、"显示 / 隐藏 ▱"中的"显示全部 ▰"工具，结果如图 12-9 所示，单击 ✓ 按钮。

图 12-9

10. 单击"组合编辑 ▱"工具，在弹出的对话框中设置组合方式为"加运算 ▱"，基体为盆体，合并体为拉伸的实体，边界为盆体外部上半部分，如图 12-10 所示，单击 ✓ 按钮，进行组合编辑加运算。

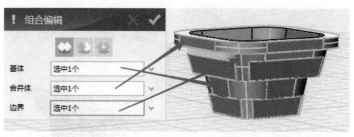

图 12-10

11. 单击"扭曲 ✍"工具，在弹出的对话框中将造型设为盆体，基准面设为盆体底面，扭曲角度设为 30，如图 12-11 所示，单击 ✔ 按钮，对盆体进行扭曲变形。

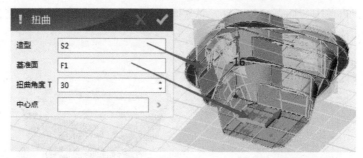

图 12-11

在使用"特殊功能 📦"中的"锥削 📐"和"扭曲 ✍"工具时，选中的"基准面"的大小或扭曲角度是固定不变的。

12. 在盆体底面中心添加一个半径为 1、高为 -5 的圆柱体，然后在弹出的"圆柱体"对话框中将组合方式设为"减运算 ⬇"，如图 12-12 所示，单击 ✔ 按钮，给盆底穿个孔。

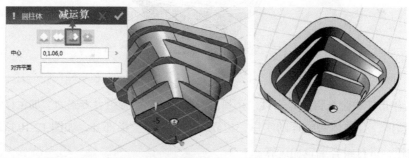

图 12-12

12.2　制作花盆垫脚

1. 将视图切换到下视图 ![下视图图标]，单击"圆形 ⊙"工具，在盆体底面中心创建一个平面网格，然后在盆底其中一角绘制一个半径为 1 的圆形，如图 12-13 所示，单击 ![勾选按钮] 按钮和 ![按钮] 按钮。

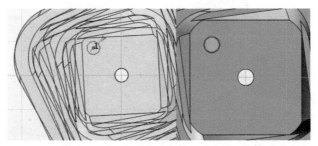

图 12-13

2. 单击"拉伸 ![拉伸图标]"工具，对绘制的圆形进行拉伸，拉伸的高度为 2，拔模角度为 -10，如图 12-14 所示，单击 ![勾选按钮] 按钮，制作一个圆台体。

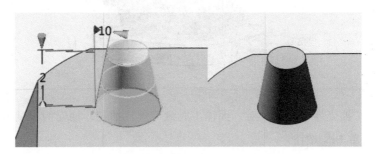

图 12-14

3. 单击"阵列 ![阵列图标]"工具，在弹出的对话框中将阵列方式设为"圆形 ![圆形图标]"，方向设为（-0,0,-1），组合方式设为"加运算 ![加运算图标]"，阵列个数为 4，如图 12-15 所示，单击 ![勾选按钮] 按钮。

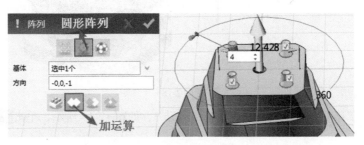

图 12-15

12.3　制作花盆底盘

1. 在盆体底面中心添加一个长和宽均为 24、高为 −3 的六面体，如图 12-16 所示，单击✅按钮。

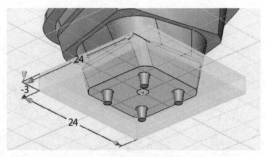

图 12-16

2. 旋转视角，对六面体垂直的 4 条边进行圆角，圆角参数为 6.8，如图 12-17 所示，单击✅按钮。

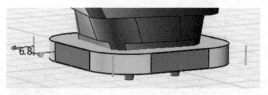

图 12-17

3. 单击"抽壳◈"工具，对六面体（底盘）进行抽壳，抽壳的厚度为 −1，如图 12-18 所示，单击✅按钮。

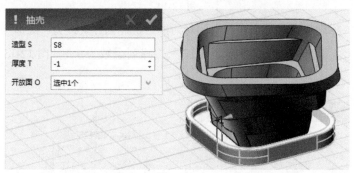

图 12-18

4. 单击"移动◐"工具，将花盆向上移动 3，如图 12-19 所示，单击✅按钮。

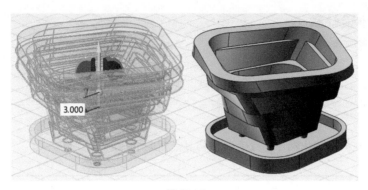

图 12-19

12.4　上色

使用 "颜色 🔘" 工具为盆体添加红色，为底盘添加白色，完成效果如图 12-20 所示。

图 12-20

想一想

在我们的生活中，还有哪些物品是扭曲形状的?

_____

_____

_____

_____

_____

画一画

设计一个自己喜欢的、扭曲形状的物品模型。

写一写

写写你的制作思路。

_____

_____

_____

_____

_____

评一评

对制作的物品进行自我点评，然后把作品上传到社区，让你的同学和朋友评一评，你也评一评同学的作品。

_____

_____

_____

_____

第 3 篇　3D 建模提高

3D 建模提高篇是在 3D 建模基础篇的基础上，综合运用 3D One 中的各种命令和工具设计一些比较复杂的 3D 模型。本篇主要选取建筑、交通和卡通等题材的案例，通过这些案例引导初学者慢慢去创作，去设计一些比较复杂的 3D 模型。

课程内容框架结构如下。

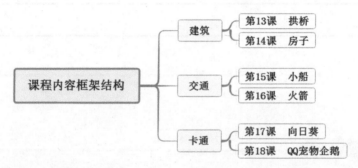

从每一课的环节设计上来看，与 3D 建模基础篇一样，每课也分为学习目标、学习难点、模型介绍、模型制作巧设计和小小设计家等 5 个部分。

课题内容框架结构如下。

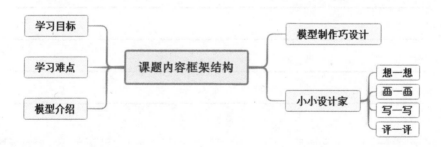

第 13 课

拱桥

（1）能综合运用"直线✏""圆弧⌒""单击修剪╫""偏移曲线⤳""阵列▦"
"镜像◭"等工具绘制桥洞草图图形。

（2）能使用"阵列▦""缩放◪"等工具制作出桥栏杆。

桥洞二维草图的绘制。

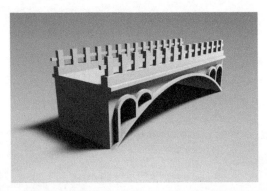

拱桥指的是在竖直平面内以拱作为结构主要承重构件的桥梁，分为单孔拱桥和多
孔拱桥。本课就带领大家制作一座拱桥。

13.1 制作六面体

在平面网格中心添加一个长为 80、宽为 25、高为 20 的六面体，如图 13-1 所示，单击 ✔ 按钮。

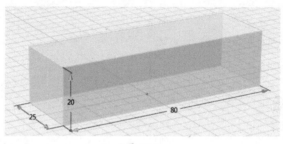

图 13-1

13.2 制作桥洞

1.绘制大桥洞单线草图。将视图切换到前视图 ▥，单击"圆弧 ⌒"工具，在六面体前面中心创建一个平面网格（草图界面），将点 1 和点 2 分别设在六面体前面下方左右两个角的顶点处，画出一个大圆弧，如图 13-2 所示，单击 ✔ 按钮。

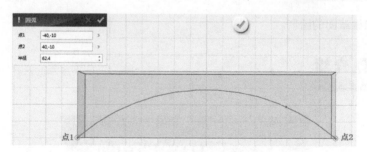

图 13-2

2.绘制小桥洞单线草图。使用"矩形 ▢"工具和"圆弧 ⌒"工具画出一个桥洞的草图，然后删除多余的直线，如图 13-3 所示，单击 ✔ 按钮。

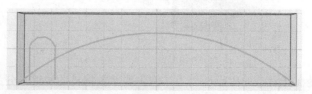

图 13-3

3. 对大桥洞和小桥洞单线进行偏移。使用"偏移曲线 ⤴"工具分别对大桥洞和小桥洞的单线草图进行偏移，在弹出的对话框中将距离设为 0.75，勾选"在两个方向偏移"复选框，如图 13-4 所示，单击 ✔ 按钮。

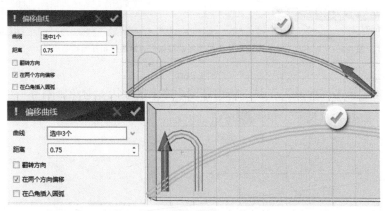

图 13-4

4. 镜像制作出相邻小桥洞草图。选中需要镜像的曲线草图，单击"镜像 ⚠"工具，在弹出的对话框中将方法设为镜像线，选定镜像线，如图 13-5 所示，单击 ✔ 按钮。

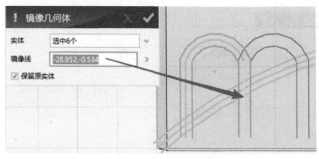

图 13-5

5. 将双线中间的单线删除，如图 13-6 所示，单击 ✔ 按钮。

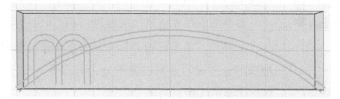

图 13-6

6. 镜像制作拱桥另一端的两个小桥洞草图。在平面网格中心画一条垂直中心线作为镜像线，然后按住 Shift 键，依次单击绘制的小桥洞草图线条，再使用"镜像 ⚠"工具对其进行镜像，如图 13-7 所示，单击 ✔ 按钮。

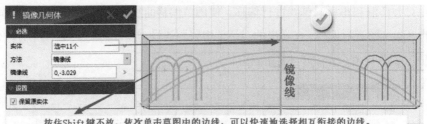

图 13-7

7. 单击"单击修剪 ✂"工具，修剪草图中多余的线段（避免影响下一步的实体分割操作），如图 13-8 所示，单击 ✔ 按钮。

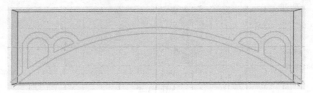

图 13-8

8. 在桥洞上方画一条水平直线，并对其进行偏移，偏移距离设为 −1.5，如图 13-9 所示，单击 ✔ 按钮和 ✔ 按钮。

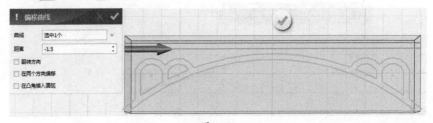

图 13-9

1. 画草图时，最好以平面网格中心为依据，这样便于以平面网格垂直中心线画垂直线作为镜像线。

2. 草图的尺寸根据情况而定，没有固定的要求。

3. 使用"单击修剪 ✂"工具对草图进行修剪时，细节部分放大后才可以发现是否有多余的线段，然后将多余的线段修剪掉。

4. 草图绘制完成后，如果是线框而不是蓝色平面，使用"显示曲线连通性 ⭕"工具检查草图，看草图中是否存在多余线段或图形有缺口等问题。

9. 使用"实体分割 🎲"工具对六面体进行实体分割，如图 13-10 所示，单击 ✔ 按钮。

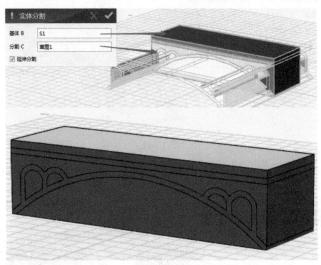

图 13-10

在实体分割操作中，如果提示"命令失败"，则草图中可能有多余线段或重复线段。

原因： 对草图进行单击修剪时有遗漏线段。

解决方法： 双击草图进入草图界面，使用"显示曲线连通性 ◯"工具对草图进行检查，删除多余或重复的线段。

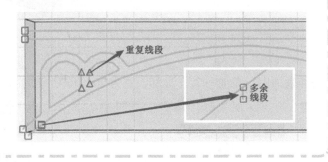

10. 删除桥洞多余的部分，选中桥洞和分割的平面，然后单击"缩放 🎲"工具，在弹出的对话框中将方法设为非均匀，Y 比例设为 1.1，如图 13-11 所示，按 Enter 键，单击 ✔ 按钮。

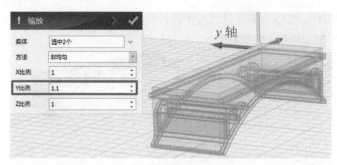

图 13-11

11. 使用"组合编辑 "工具对桥体进行组合编辑"加运算 "，如图 13-12 所示，单击 按钮。

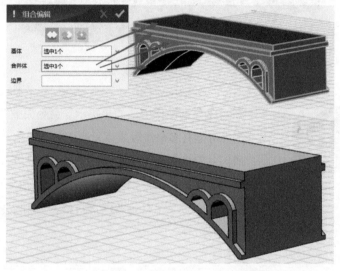

图 13-12

13.3　制作桥面

在桥体顶面中心添加一个长为 80、宽为 20、高为 -2 的六面体，然后在弹出的对话框中将组合方式设为"减运算 "，如图 13-13 所示，单击 按钮。

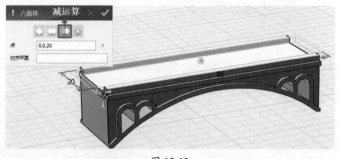

图 13-13

13.4　制作桥栏杆

1. 制作桥栏杆个体。在桥面的一侧顶面中心添加一个长为 2、宽为 1.3、高为 6 的六面体，如图 13-14 所示，单击 ✓ 按钮。

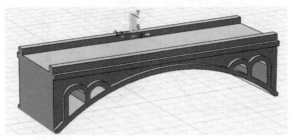

图 13-14

2. 选中桥栏杆个体，单击"阵列 ▦"工具，对桥栏杆进行左右线性阵列，阵列间距为 36，阵列个数为 7（阵列时，以桥栏杆个体为基体，先左后右，分开进行阵列），如图 13-15 所示，单击 ✓ 按钮。

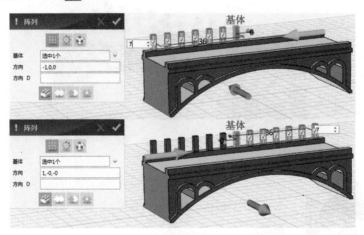

图 13-15

3. 制作桥栏杆撑。将视图切换到左视图 左，然后在左侧栏杆正对面（就是左侧栏杆左面）的中心创建一个平面网格（草图界面），画一个长为 0.8、宽为 -1.5 的长方形，如图 13-16 所示，单击 ✓ 按钮。

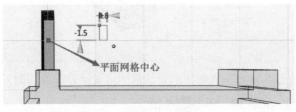

图 13-16

4.单击"移动 📷"工具，将绘制的长方形移动到平面网格中心，如图 13-17 所示，单击✔按钮和✅按钮。

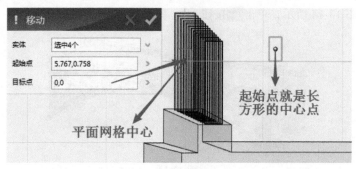

图 13-17

5.单击"拉伸 📦"工具，对长方形进行拉伸，拉伸长度为 74（以"距离测量 📏"工具测量的数据为准），如图 13-18 所示，单击✔按钮。

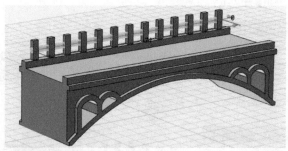

图 13-18

可以使用"距离测量 📏"工具测量两点之间的距离。

6.单击"缩放 📐"工具，在弹出的对话框中将方法设为非均匀，X 比例设为 1.1，如图 13-19 所示，按 Enter 键，单击✔按钮。

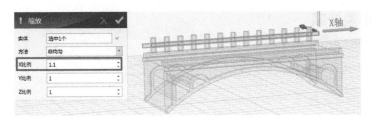

图 13-19

7.利用"组合编辑❖"工具中的"加运算❖"对桥栏杆和撑进行组合,其中基体为撑,合并体为 13 根桥栏杆,如图 13-20 所示,单击✔按钮。

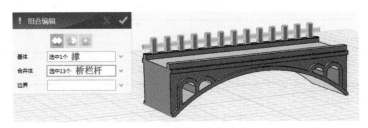

图 13-20

8.制作另一侧桥栏杆。单击"镜像⚠"工具,在弹出的对话框中设置组合方式为"加运算❖",实体为桥栏杆,方式为线,点 1 和点 2 分别为桥两端边线的中间点,如图 13-21 所示,单击✔按钮。

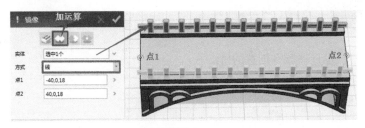

图 13-21

13.5　上色

使用"颜色🔵"工具对拱桥进行上色,完成效果如图 13-22 所示。

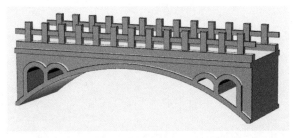

图 13-22

想一想

在生活当中，你见过什么样的桥？

_____

_____

_____

_____

_____

画一画

自己设计一款有创意的桥。

写一写

　　写写你的制作思路。

_____

_____

_____

_____

_____

评一评

　　对制作的桥进行自我点评，然后把作品上传到社区，让你的同学和朋友评一评，你也评一评同学的作品。

_____

_____

_____

_____

第14课

房子

（1）能综合运用"直线╲""矩形▢""单击修剪⺉""偏移曲线⤻""拉伸⬚""实体分割⬚""组合编辑⬚"等工具制作出房顶及门窗。

（2）能使用"抽壳⬚"工具制作出房子墙体。

房顶的设计与制作及门窗的制作。

房子指供人类居住、从事社会活动或供其他用途的建筑物，主要由墙、顶、门、窗等组成。本课就带领大家制作一座简单的房屋。

14.1 制作墙体

1.在平面网格中心添加一个长为 80、宽为 50、高为 60 的六面体，如图 14-1 所示，单击✔按钮。

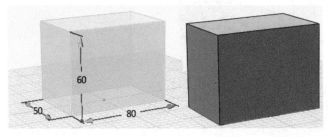

图 14-1

2.单击"抽壳◈"工具，对六面体进行抽壳，抽壳的厚度为 -2，如图 14-2 所示，单击✔按钮。

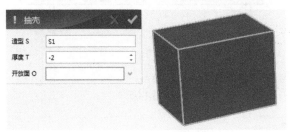

图 14-2

14.2 制作房顶

1.将视图切换到左视图，单击"直线＼"工具，在六面体左面中心创建一个平面网格，结合"偏移曲线◈"工具对所画斜线进行偏移，偏移距离为 -2，然后使用"直线＼"工具对草图进行封闭，画出房顶侧面图形，如图 14-3 所示，单击✔按钮。

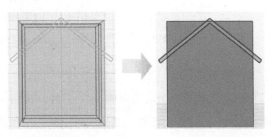

图 14-3

2. 单击"拉伸⬚"工具，对绘制的房顶侧面草图进行拉伸，拉伸的长度为 -90，单击✓按钮后将其向左移动 5，如图 14-4 所示，单击✓按钮。

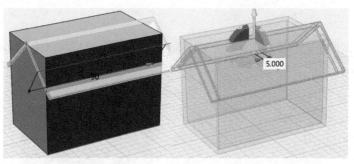

图 14-4

3. 将视图切换到前视图▣，单击"直线✎"工具，在六面体前面中心创建一个平面网格，结合"偏移曲线➴"工具画出房顶正面图形，如图 14-5 所示，单击✓按钮。

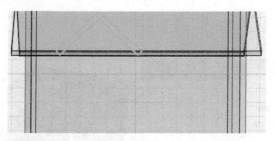

图 14-5

画斜线时，将点 2 放置在房檐上边水平线上（房檐上边水平线由蓝色变成红色），目的是为下一步对所画斜线进行偏移做准备。

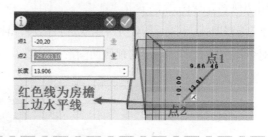

4. 单击"显示 / 隐藏⬚"中的"隐藏几何体⬚"工具，将墙体隐藏，单击"拉伸⬚"工具，在弹出的对话框中将拉伸类型设为 2 边，对绘制的房顶正面草图进行拉伸，拉伸的长度分别为 10 和 -16，如图 14-6 所示，单击✓按钮。

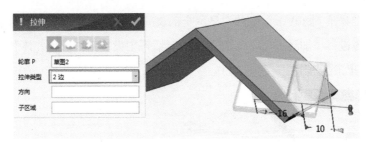

图 14-6

5. 单击"组合编辑⬛"工具，对两个拉伸的实体进行"加运算🔲"，在弹出的对话框中设定基体、合并体和边界，如图 14-7 所示，单击✔按钮。

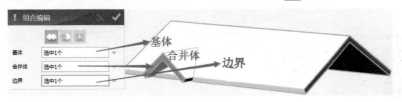

图 14-7

6. 将视图切换到前视图🔲，单击"参考几何体◣"工具，绘制两条斜线，如图 14-8 所示，单击✔按钮和✔按钮。

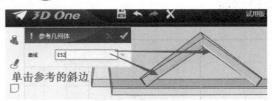

图 14-8

7. 单击"实体分割⬛"工具，对房顶进行分割，如图 14-9 所示，单击✔按钮。

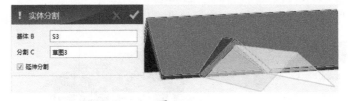

图 14-9

8. 将分割出来的多余部分删除，其他部分使用"组合编辑⬛"工具进行"加运算🔲"，如图 14-10 所示，单击✔按钮。

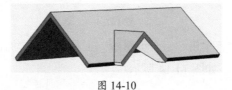

图 14-10

9. 单击"显示 / 隐藏 🔲"中的"显示全部 🔩"工具，单击"组合编辑 🔷"工具，对房顶和墙体进行"加运算 🔶"，在弹出的对话框中设定基体、合并体和边界，如图 14-11 所示，单击 ✅ 按钮。

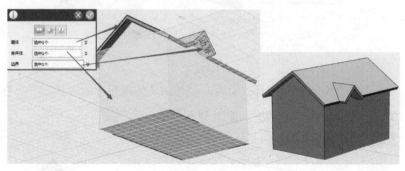

图 14-11

14.3　制作门窗

1. 将视图切换到前视图 🔳，在墙体前面中心创建一个平面网格，使用"矩形 🔲"工具并结合"偏移曲线 🔗"工具（偏移距离为 -2）画出门和窗，如图 14-12 所示，单击 ✅ 按钮。

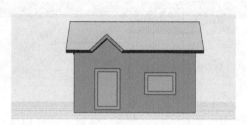

图 14-12

2. 单击"实体分割 🔷"工具，对墙体进行分割，如图 14-13 所示，单击 ✅ 按钮。

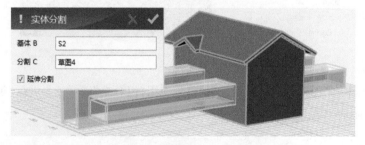

图 14-13

3. 切换到后视图 🔳，单击"组合编辑 🔷"工具，选择"加运算 🔶"，将后面分割的部分与墙体进行合并，如图 14-14 所示。

图 14-14

4.单击"缩放 🖱"工具，在弹出的对话框中将实体设为门窗边框，方法设为非均匀，Y 比例设为 1.5，如图 14-15 所示，单击 ✅ 按钮。

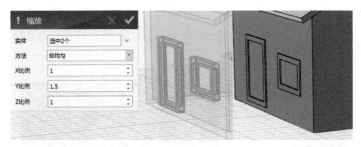

图 14-15

5.切换到前视图 🔲，单击"直线 ✏"工具，在窗户面中心创建一个平面网格（草图界面），沿着网格水平中心线和垂直中心线画一组十字线，然后再使用"偏移曲线 🐕"工具在两个方向对十字线进行偏移，偏移距离设为 0.5，如图 14-16 所示，单击 ✅ 按钮。

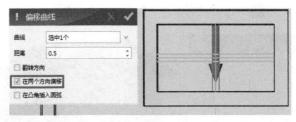

图 14-16

6.单击"草图编辑 🔲"中的"单击修剪 ✂"工具，对多余的线段进行修剪（删除），再单击"直线 ✏"工具，对偏移曲线进行封闭，如图 14-17 所示，单击 ✅ 按钮和 ✅ 按钮。

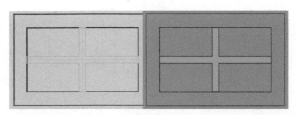

图 14-17

7. 使用"实体分割 🔲"工具对窗户面进行分割，单击 ✔ 按钮，删除分割出的多余部分，如图 14-18 所示。

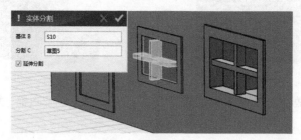

图 14-18

8. 单击"组合编辑 🔷"工具，选择"加运算 🔶"，将瓦房、门框和窗户进行合并，如图 14-19 所示。

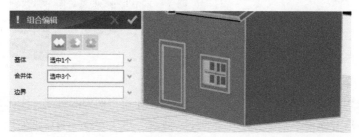

图 14-19

9. 单击"浮动工具栏 👁 🔲 🔲""显示 / 隐藏 🔲"中的"隐藏几何体 🔲"工具，如图 14-20 所示，单击 ✔ 按钮，对房子进行隐藏。

图 14-20

10. 单击"圆角 🔷"工具，对门进行圆角，圆角参数为 1，如图 14-21 所示，单击 ✔ 按钮。

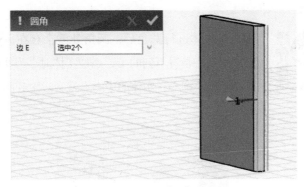

图 14-21

11. 在门的顶面右侧圆角的圆心点处添加一个半径为 0.8、高为 -25 的圆柱体，单击✔按钮后将其向上移动 1.2，如图 14-22 所示，单击✔按钮。

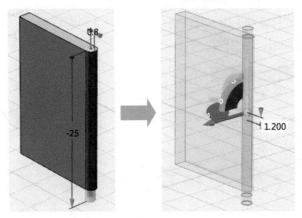

图 14-22

12. 使用"组合编辑🔲"工具对门和圆柱体进行"加运算🔷"，选中门后单击"移动💧"工具，在弹出的对话框中勾选"只移动手柄"复选框，然后将手柄移动到柱体顶面圆心，单击✔按钮，如图 14-23 所示。

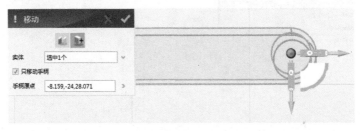

图 14-23

对实体进行圆角后，圆角处就会存在一个圆心（这个圆心是看不到的），添加实体时，当实体中心点靠近这个圆心，实体的中心点就会吸附到圆心处。

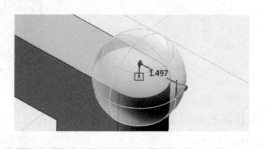

13. 取消勾选"只移动手柄"复选框，让门围绕 z 轴旋转 35°，这样就可以让房门打开，如图 14-24 所示，单击 ✔ 按钮。

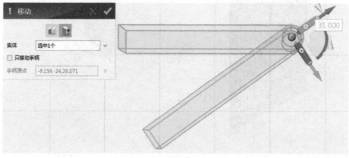

图 14-24

14. 单击"显示 / 隐藏 ◇"中的"显示全部 ▓"工具，按快捷键 Ctrl+C 对门进行原点复制，如图 14-25 所示。

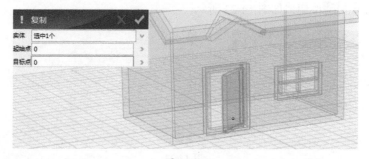

图 14-25

15. 使用"组合编辑 ▓"工具对瓦房和复制的门进行"减运算 ▓"，如图 14-26 所示。

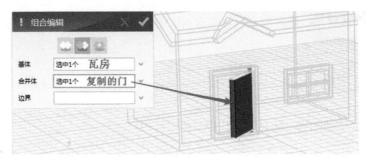

图 14-26

14.4　上色

使用"颜色🎨"工具分别对墙体、门窗和房顶进行上色，完成效果如图 14-27 所示。

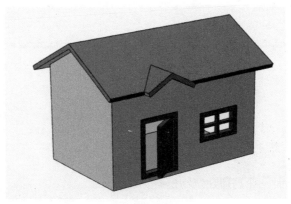

图 14-27

操作提示

　　1. 对局部的面进行上色时，将"过滤器列表"中的"全部 全部▾ "改为"曲面 曲面▾ "。

　　2. 按住 Shift 键不放，单击所要上色的面，可以对相邻的多个面进行上色。

小小设计家

想一想

在生活当中，你见过哪些房屋类建筑物？

_____

_____

_____

_____

画一画

自己设计一个房屋建筑物模型。

写一写

写写你的制作思路。

_____

_____

_____

_____

评一评

对制作的房屋建筑物进行自我点评，然后把作品上传到社区，让你的同学和朋友评一评，你也评一评同学的作品。

_____

_____

_____

_____

第 15 课

小船

学习目标

（1）能使用"直线✎"和"圆弧⌒"工具，结合"镜像▲"工具绘制船底形状。

（2）能使用"拉伸📦"和"圆角🔲"工具，结合"抽壳🔳"和"实体分割📦"工具制作出船体和敞篷。

学习难点

船体的设计与制作。

模型介绍

　　船是一种水上交通工具，主要利用水的浮力，依靠人力、风力、发动机动力等，在水上移动。本课就带领大家制作一艘带篷的小船。

15.1 制作船体和篷

1. 将视图切换到上视图，使用"直线"和"圆弧"工具，结合"镜像"工具绘制一个树叶形状，如图 15-1 所示，单击按钮。

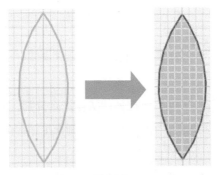

图 15-1

2. 单击"拉伸"工具，对绘制的草图进行拉伸，拉伸的高度为 18，拔模角度为 40，如图 15-2 所示，单击按钮。

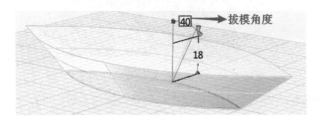

图 15-2

3. 选中船体的顶面，单击"拉伸"工具，对其进行拉伸，拉伸的高度为 -40，如图 15-3 所示，单击按钮。

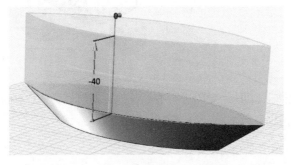

图 15-3

4. 在平面网格 x 轴中心线上添加一个六面体作为辅助体，然后将视图切换到左视图，单击"直线 ╲"工具，在六面体左面中心创建一个平面网格，结合"镜像 ▲▲"工具画两条垂直线，如图 15-4 所示，单击 ✓ 按钮和 ✓ 按钮。

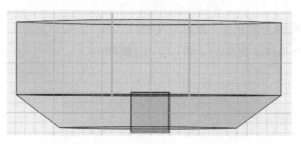

图 15-4

5. 单击"实体分割 "工具，将拉伸的实体进行分割，然后删除两端部分，再使用"组合编辑 "工具对其进行"加运算 "，制作出篷部分，如图 15-5 所示。

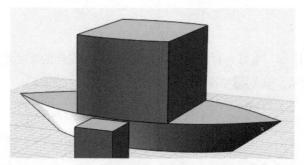

图 15-5

6. 单击"圆角 "工具，对篷顶部进行圆角，圆角参数为 30，如图 15-6 所示。

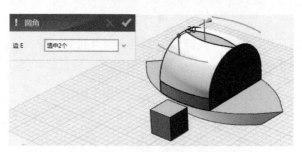

图 15-6

7. 单击"抽壳 "工具，对船进行抽壳，抽壳的厚度为 -2，开放面为船体的顶面和篷的前后面，如图 15-7 所示，单击 ✓ 按钮。

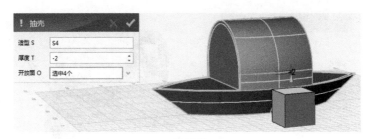

图 15-7

15.2　制作窗户

1. 将视图切换到左视图 <kbd>左</kbd>，单击 "矩形 <kbd>□</kbd>" 工具，在六面体前面中心创建一个平面网格，结合 "镜像 <kbd>▲</kbd>" 工具绘制两个矩形，如图 15-8 所示，单击 <kbd>✔</kbd> 按钮和 <kbd>✔</kbd> 按钮。

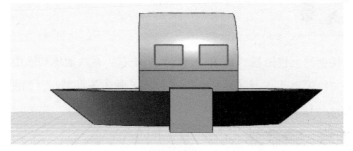

图 15-8

2. 单击 "拉伸 <kbd>⬚</kbd>" 工具，在弹出的对话框中将组合方式设为 "减运算 <kbd>⬚</kbd>"，拉伸的长度穿透篷，如图 15-9 所示，单击 <kbd>✔</kbd> 按钮。

图 15-9

15.3　制作船舱

1. 选中船体的底面，单击 "拉伸 <kbd>⬚</kbd>" 工具，对其进行拉伸，拉伸的高度为 12，拔模角度为 42，如图 15-10 所示，单击 <kbd>✔</kbd> 按钮。

图 15-10

在这里调整拔模角度时，注意不要穿透船体。

2. 将视图切换到上视图 ⬛，单击"直线 ✎"工具，在六面体顶面中心创建一个平面网格，结合"镜像 ▲"工具（注意删除镜像线）画 4 条水平线，如图 15-11 所示，单击 ✔ 按钮和 ✅ 按钮。

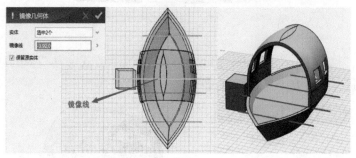

图 15-11

3. 单击"实体分割 ▦"工具，将拉伸的实体进行分割，然后删除两端部分，如图 15-12 所示。

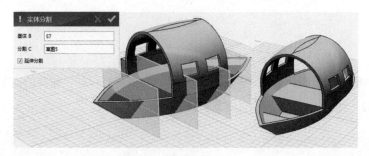

图 15-12

4. 使用"组合编辑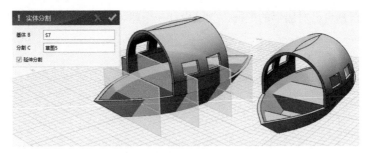"工具对船体和船舱进行"加运算",删除作为辅助体的六面体,如图 15-13 所示。

图 15-13

15.4 上色

使用"颜色"工具分别对船体、篷和船舱进行上色,完成效果如图 15-14 所示。

图 15-14

小小设计家

想一想

你见过船吗?见过什么样的船?

_____

_____

_____

_____

画一画

根据自己对船形的把握，尝试设计一个船（含轮船和军舰）模型。

写一写

写写你的制作思路。

_____

_____

_____

_____

评一评

对制作的船模型进行自我点评，然后把作品上传到社区，让你的同学和朋友评一评，你也评一评同学的作品。

_____

_____

_____

_____

第 16 课

火箭

学习目标

（1）能使用"直线╲""链状圆角▢""拉伸🗔""旋转◠"等工具制作出火箭的机体和尾翼。

（2）能使用"圆形⊙""预制文字🅰""偏移曲线🗸""镶嵌曲线🗸""投影曲线🗁"等工具制作出火箭的窗口并添加文字。

学习难点

火箭尾翼的制作。

模型介绍

　　火箭是以热气流高速向后喷出，利用产生的反作用力向前运动的喷气推进装置，可作为快速远距离运输工具。本课就带领大家制作一艘卡通造型的火箭。

16.1 制作火箭的壳体

1. 在平面网格中心添加一个六面体作为辅助体，然后将视图切换到前视图![前]，再使用"直线![直线]"工具在六面体前面中心创建一个平面网格，结合"链状圆角![圆角]"工具画出火箭机体横截面的一半，如图 16-1 所示。

2. 单击"旋转![旋转]"工具，对绘制的图形进行旋转，如图 16-2 所示，单击![勾]按钮。

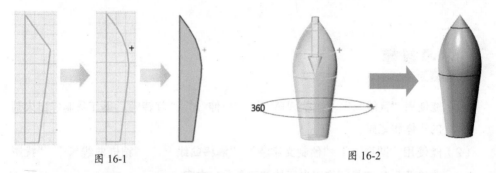

图 16-1   图 16-2

3. 单击"拉伸![拉伸]"工具，在弹出的对话框中将组合方式设为"加运算![加运算]"，轮廓设为火箭壳体底面，对其进行拉伸，拉伸的长度为 5，拔模角度为 −7，如图 16-3 所示，单击![勾]按钮，这样就在火箭机体底部生成了一个带面的实体。

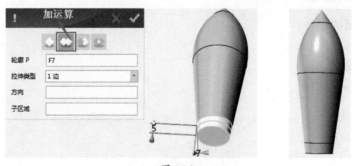

图 16-3

对于选中的平面，可以调整拉伸后实体的拔模角度，在火箭机体中，底面拉伸后调整拔模角度的目的就是使火箭机体外部轮廓保持一致，这里的拉伸和拔模参数只供参考，具体参数需根据实际操作而定。

16.2　制作助推器

1.将视图切换到前视图 ⬜，单击"直线 ✎"工具，在六面体前面中心创建一个平面网格，结合"链状圆角 ⬜"工具在火箭机体旁边适当的位置画出助推器横截面的一半，如图 16-4 所示。

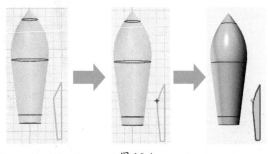

图 16-4

2.单击"旋转 ⬮"工具，对绘制的图形进行旋转，如图 16-5 所示，单击 ✔ 按钮。

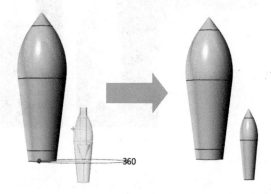

图 16-5

3.单击"拉伸 ⬒"工具，在弹出的对话框中将组合方式设为"加运算 ⬌"，轮廓设为助推器底面，对其进行拉伸，拉伸的长度为 -3，拔模角度为 4，如图 16-6 所示，单击 ✔ 按钮，在助推器底部生成一个带面的实体。

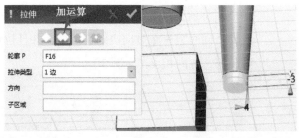

图 16-6

4.将视图切换到前视图 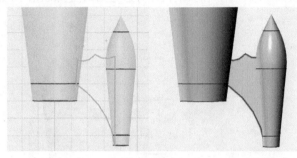，利用"直线 ＼"和"圆弧 ⌒"工具在六面体前面中心创建一个平面网格，画出火箭机体和助推器链接的草图图形，如图 16-7 所示，单击 ✅ 按钮。

图 16-7

5.单击"拉伸 ☞"工具，在弹出的对话框中设置拉伸类型为对称，拉伸参数为 1，如图 16-8 所示，单击 ✅ 按钮，然后将拉伸的实体与尾翼进行"加运算 ☞"。

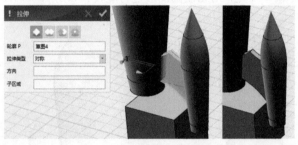

图 16-8

操作提示

使用"拉伸 ☞"工具时，在"拉伸"对话框中有 1 边、2 边和对称 3 种拉伸类型。

1 边就是沿着一个方向拉伸（见图 1）。

2 边就是沿着两个方向拉伸，两个方向的参数可以随意设定（见图 2）。

对称就是以画的草图为镜像面，沿着一个方向拉伸，同时另一个方向也跟着拉伸，并且拉伸的参数相等，方向相反（见图 3）。

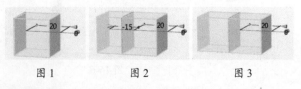

图 1　　　　图 2　　　　图 3

6.单击"阵列▦"工具，对助推器进行"圆形✿"阵列，阵列方向为（0,0,-1），组合方式为"加运算❖"，阵列个数为4，如图16-9所示，单击✓按钮。

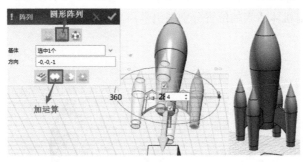

图 16-9

16.3 制作火箭尖

1.单击"圆锥体▲"工具，在弹出的对话框中将组合方式设为"加运算❖"，中心点设为（0,-10,115），对齐平面设为六面体的顶面，圆锥体底面半径为2，高为25，如图16-10所示，单击✓按钮。

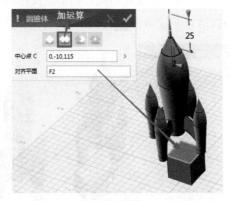

图 16-10

2.单击"圆角◎"工具，对火箭尖与火箭体的衔接处进行圆角，圆角参数为5，如图16-11所示，单击✓按钮。

图 16-11

16.4　制作火箭窗口

1.将视图切换到后视图，使用"圆形⊙"工具在六面体后面中心创建一个平面网格，然后在火箭机体适当的位置分别画出半径为 5 和 4 的同心圆，如图 16-12 所示，单击✔按钮。

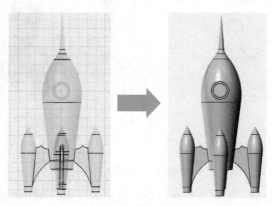

图 16-12

2.单击"投影曲线"工具，把绘制的同心圆草图投影到火箭机体的表面上，注意标注投影方向，如图 16-13 所示，单击✔按钮，删除对面的投影曲线。

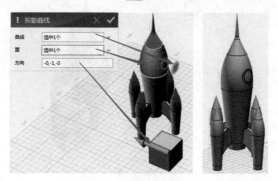

图 16-13

1.在使用"投影曲线"工具时，可以借助六面体的棱边标注投影方向。

比一比：没标注投影方向和标注投影方向的投影曲线有什么区别？

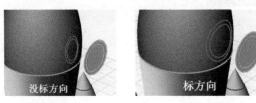

2. 标注投影方向后，有时在同一个曲面生成两个相对的投影曲线，这时可根据实际需要删除一个，保留一个。

3. 删除多余的投影曲线，单击"镶嵌曲线 ✎"工具，对投影的同心圆进行拉伸，在弹出的对话框中将偏移设为1，单击✔按钮，如图 16-14 所示。

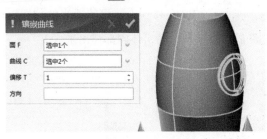

图 16-14

4. 单击"圆角 ◎"工具，对制作的火箭窗口边缘进行圆角，圆角参数为 0.5，如图 16-15 所示，单击✔按钮。

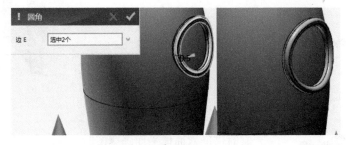

图 16-15

16.5 添加文字

1. 将视图切换到前视图■，单击"预制文字 A"工具，在六面体前面中心创建一个平面网格，在弹出的对话框中设定原点，输入文字"中国航天"，字体设为微软雅黑，样式设为加粗，大小设为 5，然后再单击文字 中国航天 ▶ 右边的 ✎ 按钮，在打开的下拉列表中选择"编辑器"选项，打开文字编辑器，按 Enter 键将文字改为竖排，如图 16-16 所示，最后单击✔按钮。

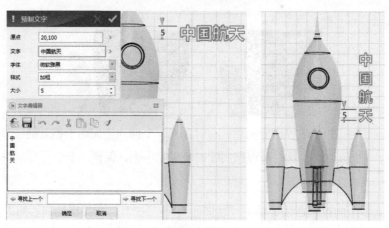

图 16-16

2. 单击"移动 ⬛"工具，将文字移到火箭机体适当的位置，如图 16-17 所示，单击 ✔ 按钮和 ◐ 按钮，然后将文字从火箭机体内部移出来。

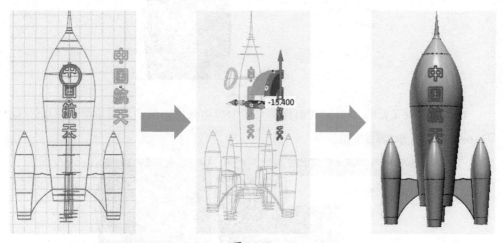

图 16-17

操作提示

有时借助六面体平面画草图时，所画的草图会在模型内部，这时可以把"渲染模式 ⬡"改为"线框模式 ⬡"，把模型内部的草图移出来，然后再将"线框模式 ⬡"改为"着色模式 ⬢"。

3. 单击"投影曲线 ⬛"工具，把制作的文字投影到火箭机体的表面上，注意标注投影方向，如图 16-18 所示，单击 ✔ 按钮，删除对面的投影曲线。

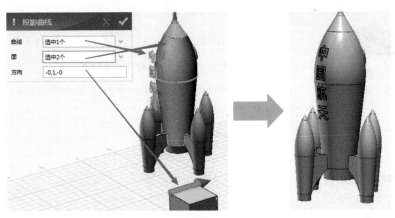

图 16-18

4. 单击"镶嵌曲线✐"工具,对草图文字"中国航天"进行拉伸,在弹出的对话框中将偏移设为 1,单击✔按钮,如图 16-19 所示。

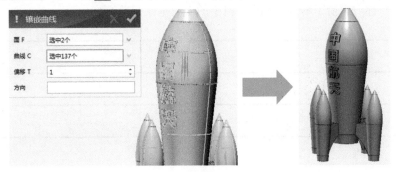

图 16-19

16.6　上色

删除作为辅助体的六面体,然后使用"颜色🎨"工具对火箭进行上色,完成效果如图 16-20 所示。

图 16-20

1. 对局部的面进行上色时，将"过滤器列表"中的"全部 全部 "改为"曲面 曲面 "。

2. 按住 Shift 键不放，单击所要上色的面，可以对相邻的多个面进行上色。

想一想

你对火箭了解多少？你心目中的火箭是什么样子的?

_____

_____

_____

_____

画一画

根据自己对火箭的了解，尝试设计一个火箭模型。

写一写

写写你的制作思路。

_____

_____

_____

_____

_____

评一评

对制作的火箭模型进行自我点评，然后把作品上传到社区，让你的同学和朋友评一评，你也评一评同学的作品。

_____

_____

_____

_____

第 17 课

向日葵

学习目标

（1）能使用"阵列⚏""拉伸🗇"等工具制作向日葵的花瓣。

（2）能使用"投影曲线📇""镶嵌曲线📎"等工具制作向日葵的眼睛和嘴巴。

（3）能使用"抽壳📎""实体分割📦""圆环折弯📎"等工具，结合"阵列⚏"

工具制作向日葵的花托。

（4）能使用"扫掠📦"等工具制作向日葵的花梗。

（5）能使用"圆柱折弯📐"等工具制作向日葵的叶子。

学习难点

向日葵叶子的制作。

模型介绍

　　向日葵又名朝阳花，因花序随太阳转动而得名。本课就带领大家制作一个卡通向日葵造型。

17.1　绘制向日葵头部

　　1. 在平面网格中心添加一个长和高均为 20、宽为 6 的椭球体，将其向上移动，如图 17-1 所示。

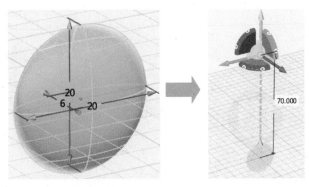

图 17-1

　　　　制作好椭球体后，将其向上移动（向上移动参数根据实际情况而定），目的就是为制作花梗和叶子打基础。

　　2. 选中椭球体，按快捷键 Ctrl+C，在弹出的对话框中将起始点设为 0，目标点设为 0，对椭球体进行原点复制，如图 17-2 所示，单击 ✔ 按钮，然后将椭球体隐藏。

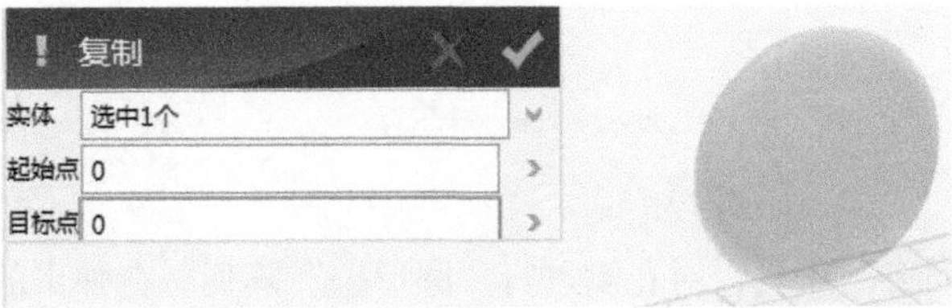

图 17-2

1. 按快捷键 Ctrl+C，在弹出的对话框中将起始点设为 0，目标点设为 0，这是在实体的原点进行复制。

2. 在原点复制椭球体的目的是为后面制作花托打基础。

17.2 制作花瓣

1. 在平面网格中心添加一个六面体作为辅助体，将视图切换到前视图，如图 17-3 所示。

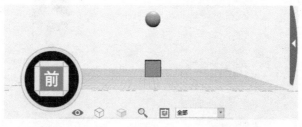

图 17-3

2. 单击"正多边形⬡"工具，在六面体前面中心创建一个平面网格（草图界面），以椭球体的中心为圆心，绘制一个半径为 10 的正十边形，如图 17-4 所示，单击✔️按钮。

3. 单击"圆弧⌒"工具，结合"镜像⚠"工具绘制出一个花瓣的形状，删除正十边形，如图 17-5 所示。

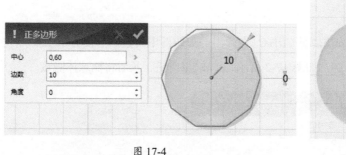

图 17-4　　　　　图 17-5

4. 单击"阵列⚏"工具，对花瓣进行"圆形⚇"阵列，在弹出的对话框中将圆心设为椭球体的中心，数目设为 10，间距角度设为 36，如图 17-6 所示，单击✔️按钮和按钮。

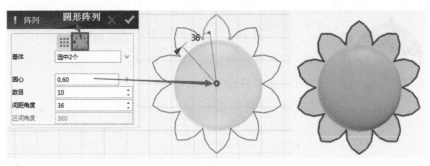

图 17-6

5. 单击"拉伸 🔲"工具，对绘制的草图——花瓣进行拉伸，拉伸的厚度为 1，然后将拉伸的花瓣移动到椭球体中间，如图 17-7 所示，单击 ✔ 按钮。

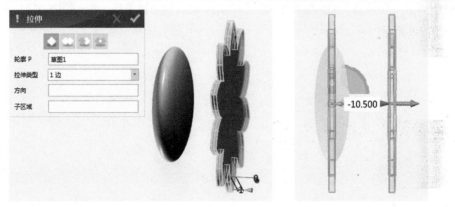

图 17-7

6. 单击"组合编辑 🔲"工具，对椭球体和花瓣进行组合编辑"加运算 🔲"，如图 17-8 所示，单击 ✔ 按钮。

图 17-8

为了便于操作，有时可以将"渲染模式⬡"中的"着色模式⬡"改为"线框模式⬡"，这样在操作时能够看清模型的结构线。操作时可以根据实际情况对"着色模式⬡"和"线框模式⬡"进行切换。

17.3 制作眼睛和嘴巴

1.将视图切换到前视图回，单击"椭圆形◉"工具，在六面体前面中心创建一个平面网格，绘制出一只眼睛，然后在平面网格垂直中心线上画一条垂直中心线作为镜像线，单击"镜像◭"工具制作出另一只眼睛，最后删除镜像线，单击✔按钮和✔按钮，如图 17-9 所示。

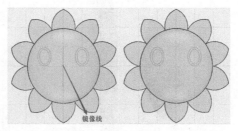

图 17-9

注意：画眼睛时可以使用"偏移曲线✐"工具，这样可以画出同心椭圆形。

2.单击"投影曲线◉"工具，将绘制的草图——眼睛投影到椭圆体的曲面上，如图 17-10 所示，单击✔按钮。

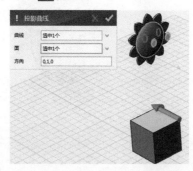

图 17-10

投影时，标注出投影方向，能够使绘制的草图图形投影到指定的位置，同时投影的图形基本上不变形（特殊情况除外）。

3.单击"镶嵌曲线 ✎"工具，在弹出的对话框中将偏移设为 -0.25，如图 17-11 所示，单击 ✔ 按钮，对所投影的曲线进行镶嵌。

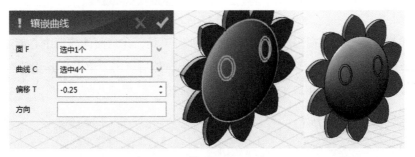

图 17-11

4.将视图切换到前视图 ▣，单击"圆形 ⊙"工具，在六面体前面中心创建一个平面网格，在眼睛位置绘制出眼睛高光，如图 17-12 所示，单击 ✔ 按钮。

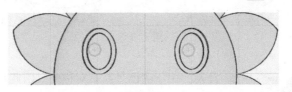

图 17-12

5.单击"投影曲线 ⬬"工具，将绘制的圆形投影到眼睛上，如图 17-13 所示，单击 ✔ 按钮。

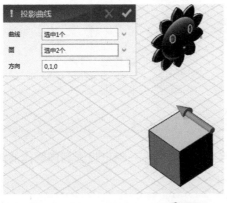

图 17-13

6.单击"曲面分割 🖉"工具，对所投影的曲线进行曲面分割，如图 17-14 所示，单击✅按钮。

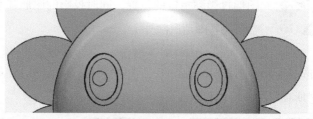

图 17-14

7.将视图切换到前视图 🔲，单击"圆弧 ⌒"工具，在六面体前面中心创建一个平面网格，结合"圆形 ⊙"工具画出向日葵的嘴巴，然后单击"单击修剪 ﬤ"工具，把多余的线段修剪掉，如图 17-15 所示，单击✅按钮。

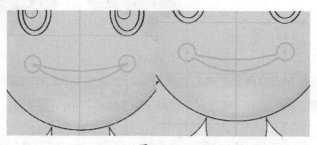

图 17-15

注意：由于嘴巴是左右对称的，因此在画嘴巴时，可以在平面网格垂直中心线上画一条垂直中心线作为镜像线。

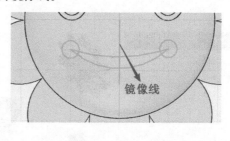

8.单击"投影曲线 ◒"工具，将绘制的草图——嘴巴投影到椭圆体的曲面上，如图 17-16 所示，单击✅按钮。

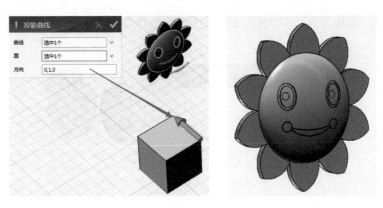

图 17-16

9.单击"镶嵌曲线 <mark>∿</mark>"工具,在弹出的对话框中将偏移设为 -0.25,如图 17-17 所示,单击 ✓ 按钮,对所投影的曲线进行镶嵌。

图 17-17

17.4 制作花托

1.显示全部图形,将向日葵花朵隐藏。将视图切换到左视图 <mark>左</mark>,单击"直线 ╲"工具,在六面体左面中心创建一个平面网格,然后在平面网格垂直中心线上绘制一条垂直中心线作为分割线,如图 17-18 所示,单击 ✓ 按钮。

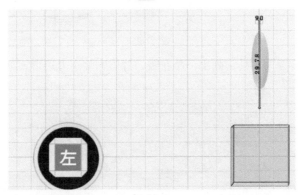

图 17-18

2. 单击"实体分割 🔲"工具，将复制的头部实体分成前后两半，删除前面的一半，如图 17-19 所示。

图 17-19

3. 单击"抽壳 🔲"工具，对剩余的一半实体进行抽壳，抽壳的厚度为 -0.5，如图 17-20 所示，单击 ✔ 按钮。

图 17-20

4. 将视图切换到后视图 🔲，单击"正多边形 ⬡"工具，在六面体后面中心创建一个平面网格，在弹出的对话框中将中心设为壳体的中心，边数设为 5，角度设为 90，画一个边长为 4.5 的正五边形，如图 17-21 所示，单击 ✔ 按钮。

图 17-21

5. 单击"圆弧 ⌒"工具，画出一个花瓣，然后删除正五边形，如图 17-22 所示。

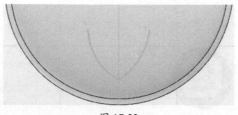

图 17-22

6. 单击"阵列▦▦"工具，对花瓣草图进行"圆形🞵"阵列，在弹出的对话框中将圆心设为壳体的中心，数目设为 5，间距角度设为 72，如图 17-23 所示，单击✔按钮和🗸按钮。

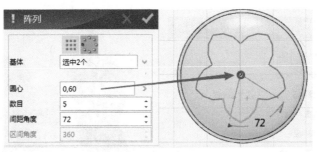

图 17-23

7. 选中草图——花托图形，按快捷键 Ctrl+C 对花托图形进行原点复制并拉伸，拉伸的长度为 1，如图 17-24 所示。

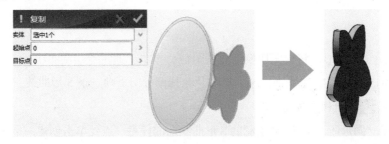

图 17-24

对花托图形进行原点复制并拉伸，目的是为分割花托模型制作辅助体。

8. 单击"实体分割🧊"工具，对壳体进行分割，然后删除多余的部分，如图 17-25 所示。

图 17-25

9. 单击"圆环折弯 🐾"工具，在弹出的对话框中将造型设为花托实体，基准面设为拉伸实体的背面，管道角度设为 12，环形角度设为 12，如图 17-26 所示，对花托实体进行圆环折弯，删除拉伸的辅助体。

图 17-26

17.5 制作花梗

1. 显示全部图形，将视图切换到右视图 ，单击"通过点绘制曲线 "工具，在六面体右面中心创建一个平面网格，然后从花托部分向下画一条 S 形曲线，如图 17-27 所示，单击 ✔ 按钮和 ✅ 按钮。

2. 单击"圆形 ⊙"工具，在绘制的 S 形曲线上的任意一点处单击创建一个平面网格，然后在平面网格中心绘制一个半径为 1.5 的圆形，如图 17-28 所示，单击 ✔ 按钮和 ✅ 按钮。

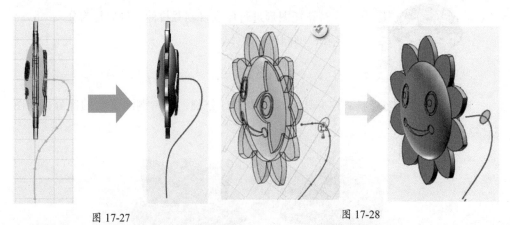

图 17-27　　　　　　　　　　　图 17-28

3. 单击"扫掠 🗊"工具，对绘制的圆形进行扫掠，如图 17-29 所示。

图 17-29

4. 将视图切换到后视图，把花梗移动到花托的中心位置，如图 17-30 所示。

图 17-30

5. 单击"组合编辑"工具，对花梗和花托进行"加运算"，然后对其进行圆角，圆角参数为 1.5，如图 17-31 所示。

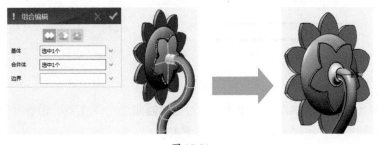

图 17-31

17.6 制作叶子

1. 将视图切换到前视图，利用"直线""圆形""圆弧"工具在六面体前面中心创建一个平面网格，绘制图形，如图 17-32 所示。

2. 单击"单击修剪"工具，将多余的线段修剪掉，如图 17-33 所示，单击按钮。

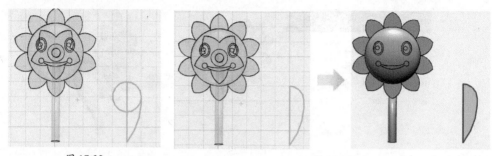

图 17-32   图 17-33

3. 单击"旋转 🌀"工具，对绘制的草图图形进行旋转，如图 17-34 所示，单击 ✔ 按钮。

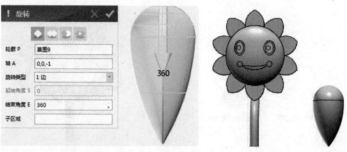

图 17-34

4. 将视图切换到右视图 右 ，单击"缩放 🔧"工具，在弹出的对话框中将方法设为非均匀，拖曳 y 轴改变 Y 比例，对叶子进行非均匀缩放，如图 17-35 所示，单击 ✔ 按钮。

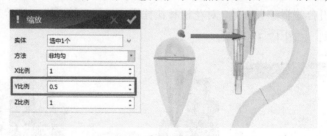

图 17-35

5. 将视图切换到前视图 前 ，单击"通过点绘制曲线 〰"工具，沿着叶子的外形画出它的外轮廓图形，如图 17-36 所示，单击 ✔ 按钮。

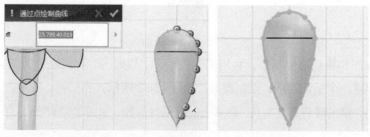

图 17-36

6. 单击“拉伸”工具，对绘制的叶子外轮廓草图进行拉伸，拉伸的长度为 1，如图 17-37 所示。

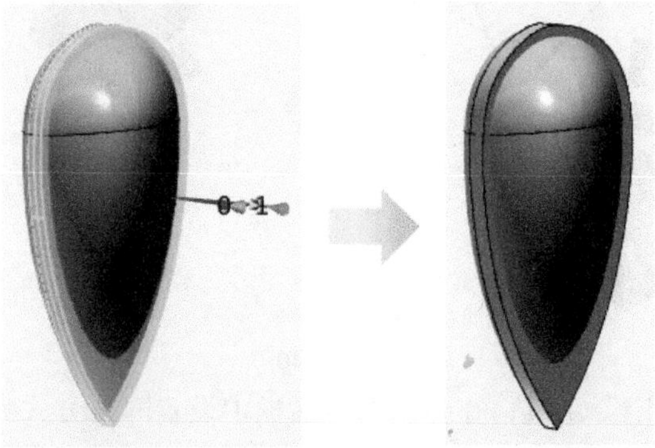

图 17-37

7. 单击“圆柱折弯”工具，对缩放后的实体——叶子进行圆柱折弯，折弯的角度为 180，如图 17-38 所示，单击按钮。

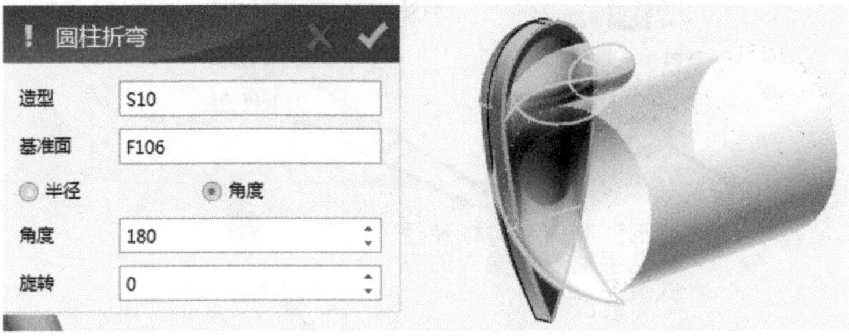

图 17-38

8. 删除拉伸的辅助体，将其围绕 y 轴旋转 −90，如图 17-39 所示。

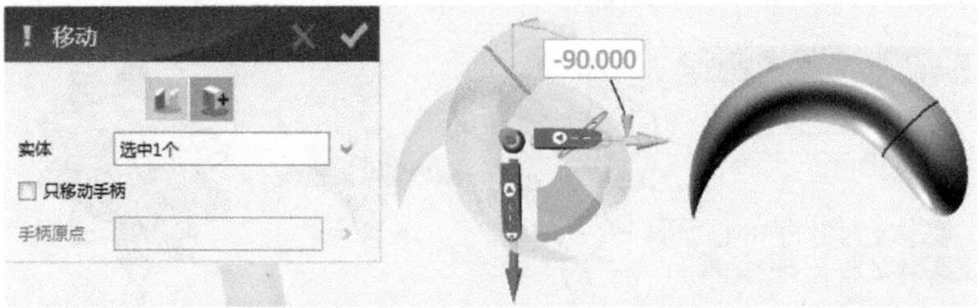

图 17-39

9. 单击“圆柱体”工具，在弹出的对话框中设置中心为叶子根部中心点，对齐平面为六面体的顶面，圆柱体的半径为 2（圆柱体半径可以根据实际情况调整），高为 5，如图 17-40 所示，单击按钮。

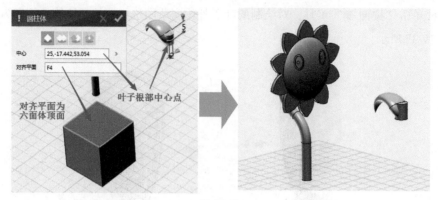

图 17-40

10. 单击"阵列 ▦"工具，在弹出的对话框中设置阵列方式为"圆形 ❀"，方向为圆柱体的边缘，组合方式为"加运算 ❖"，阵列的个数为 4，阵列间距为 12.5（参数可根据实际情况而定），如图 17-41 所示，对叶子进行圆形阵列。

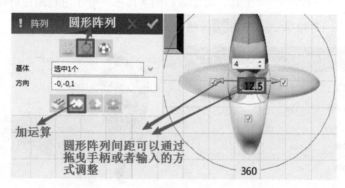

图 17-41

11. 单击"自动吸附 ⌒"工具，在弹出的对话框中设置实体 1 为叶子中心顶面，实体 2 为花梗的底面，如图 17-42 所示。

图 17-42

12. 单击"缩放 ▦"工具，在弹出的对话框中将方法设为不均匀，分别将 X 比例、

Y 比例和 Z 比例设为 1.5，如图 17-43 所示。

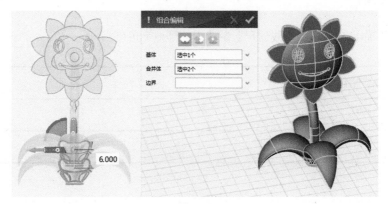

图 17-43

13. 删除六面体，将叶子向上移动 6（根据实际情况调整移动参数），再单击"组合编辑 🔲"工具，对所有的模型进行组合编辑"加运算 💠"，如图 17-44 所示。

图 17-44

17.7 上色

使用"颜色 🎨"工具对向日葵不同的地方进行上色，完成效果如图 17-45 所示。

图 17-45

操作提示

1. 对局部的面进行上色时，将"过滤器列表"中的"全部 [全部 ▼]"改为"曲面 [曲面 ▼]"。

2. 按住 Shift 键不放，单击所要上色的面，可以对相邻的多个面进行上色。

小小设计家

想一想

你喜欢《植物大战僵尸》游戏中的哪一个角色？

_____

_____

_____

_____

画一画

把你喜欢的角色设计出来。

写一写

写写你的制作思路。

_____

_____

_____

_____

_____

评一评

对制作的角色进行自我点评，然后把作品上传到社区，让你的同学和朋友评一评，你也评一评同学的作品。

_____

_____

_____

_____

第 18 课

QQ 宠物企鹅

（1）能使用"旋转🌀"等工具制作企鹅的脚。

（2）能使用"投影曲线🍩"和"镶嵌曲线🔷"等工具制作企鹅的眼睛和肚皮。

（3）能使用"实体分割📦"等工具制作企鹅的围巾。

企鹅围巾的制作。

《QQ 宠物》是腾讯公司推出的一款虚拟社区喂养游戏，贯穿宠物成长全过程，

包括喂食、清洁、打工、学习、游戏、结婚、生蛋、旅游、任务，目前已下线。本课就带领大家制作一个 QQ 宠物小企鹅。

18.1　制作躯干

1. 在平面网格中心添加一个长和宽均为 20、高为 25 的椭球体，单击✔按钮后，将其向上移动，如图 18-1 所示。

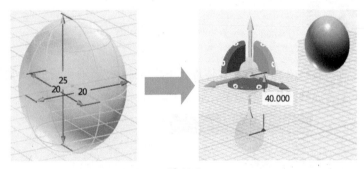

图 18-1

2. 在平面网格中心添加一个六面体作为辅助体，如图 18-2 所示。

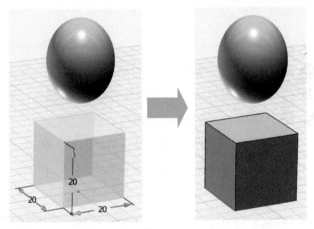

图 18-2

3. 选中椭球体，按快捷键 Ctrl+C，在弹出的对话框中将起始点和目标点均设为 0，对椭球体进行原点复制，如图 18-3 所示，单击✔按钮。

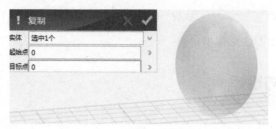

图 18-3

在原点复制椭球体的目的是为后面制作围巾模型打基础。

4. 单击"缩放 🔧"工具，对椭球体进行不均匀缩放，x 轴、y 轴和 z 轴的缩放比例均为 1.05（不偏移原椭球体中心点），如图 18-4 所示，单击 ✔ 按钮。

图 18-4

均匀缩放和非均匀缩放的区别

• 均匀缩放：可以对实体做整体缩放，不足之处是缩放后容易偏离实体原中心点。

• 非均匀缩放：可以单独调整 x 轴、y 轴和 z 轴的缩放比例，优点是不易偏离实体原中心点。

5. 单击"显示 / 隐藏 🗔"中的"隐藏几何体 🗔"工具，对缩放的椭球体进行隐藏。

18.2　制作嘴巴

单击"椭球体 🔵"工具，在弹出的对话框中将对齐平面设为六面体的前面，中心设为躯干中心（0,−10,40），添加一个长为 8.5、宽为 8、高为 3 的椭球体，单击 ✔ 按钮。将椭球体向上移动 3，如图 18-5 所示，单击 ✔ 按钮。

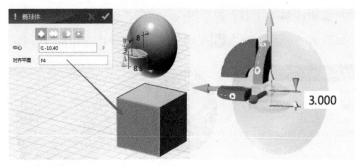

图 18-5

18.3　制作眼睛

1.将视图切换到前视图，利用"椭圆形⊙"和"圆形⊙"工具在六面体前面中心创建一个平面网格，画一个眼睛，然后沿着平面网格垂直中心线画一条垂直中心线作为镜像线，如图 18-6 所示。

2.单击"镜像▲"工具，对画的眼睛进行镜像，复制出另一只眼睛，如图 18-7 所示。

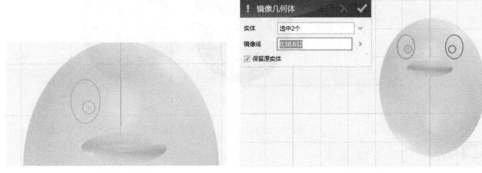

图 18-6　　　　　　　　　　　　　　　　　图 18-7

3.删除镜像线，单击"移动▮"工具，对右眼中的圆形向右进行适当移动，如图 18-8 所示，单击✔按钮。

图 18-8

4. 单击"投影曲线 ⬛"工具，把草图——眼睛投影到椭球体的表面上（注意标注投影方向），如图 18-9 所示，单击✅按钮，删除其对立面多余的投影曲线。

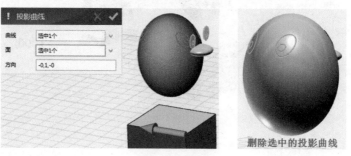

图 18-9

5. 单击"镶嵌曲线 ⬛"工具，对投影的曲线进行镶嵌，在弹出的对话框中将偏移设为 -0.25，如图 18-10 所示，单击✅按钮。

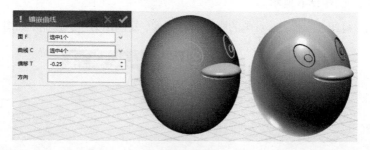

图 18-10

6. 单击"圆角 ⬛"工具，对眼睛进行圆角，圆角参数为 0.2，如图 18-11 所示，单击✅按钮。

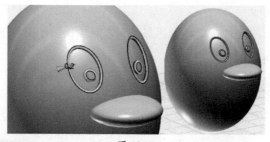

图 18-11

18.4 制作围巾

1. 显示全部图形，单击"抽壳 ⬛"工具，对复制的椭球体进行抽壳，抽壳的厚度为 -2，如图 18-12 所示，单击✅按钮。

2.将视图切换到前视图，单击"直线 ╲"工具，画出围巾的形状，然后单击"单击修剪 ╫"工具，修剪多余的线段，如图 18-13 所示，单击 ✅ 按钮。

图 18-12　　　　　　　　　　　　　　图 18-13

3.单击"实体分割"工具，对缩放的椭球体进行分割，删除多余的部分，如图 18-14 所示。

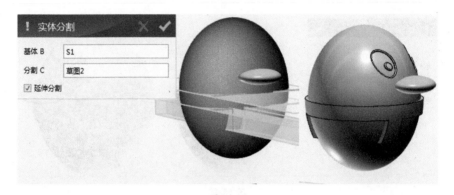

图 18-14

4.将视图切换到前视图，单击"直线 ╲"工具，在六面体前面中心创建一个平面网格（草图界面），沿着围巾水平轮廓线画一条水平直线，如图 18-15 所示，单击 ✅ 按钮和 ✅ 按钮。

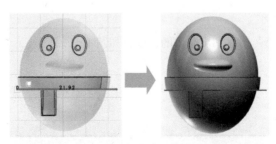

图 18-15

5.单击"实体分割"工具，对围巾进行二次分割，删除后面多余的部分，如图 18-16 所示。

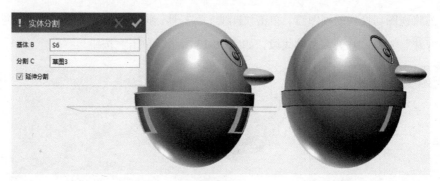

图 18-16

6. 使用"组合编辑 "工具对分割后的围巾进行"加运算 "，然后单击"圆角 "工具，对其进行圆角，圆角参数为 0.2，如图 18-17 所示。

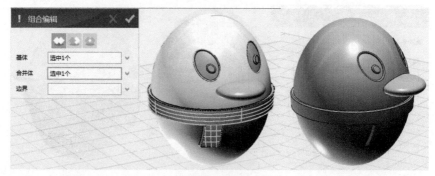

图 18-17

18.5 制作肚皮

1. 将视图切换到前视图 ，利用"直线 "和"圆弧 "工具在六面体前面中心创建一个平面网格，沿着平面网格垂直中心线画出肚皮的高度，然后画出肚皮宽度的一半，如图 18-18 所示。

2. 使用"圆弧 "工具画出肚皮的弧度，如图 18-19 所示。

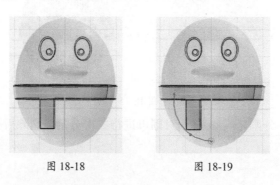

图 18-18   图 18-19

3. 单击"镜像▲▲"工具，复制出肚皮的另一半，如图 18-20 所示，删除镜像线，单击✓按钮。

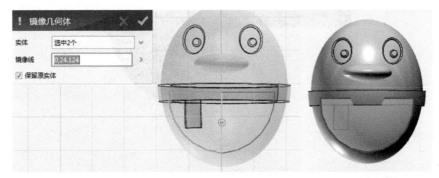

图 18-20

4. 单击"投影曲线 ◒"工具，把草图——肚皮图形投影到椭球体的表面上（注意标注投影方向），如图 18-21 所示，单击✓按钮，删除其对立面多余的投影曲线。

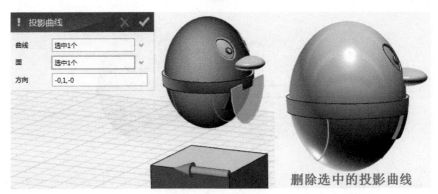

图 18-21

5. 单击"镶嵌曲线 ◈"工具，对投影的曲线进行镶嵌，在弹出的对话框中将偏移设为 -0.25，如图 18-22 所示，单击✓按钮。

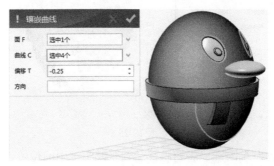

图 18-22

6. 单击"圆角"工具，对肚皮边缘进行圆角，圆角参数为 0.2，如图 18-23 所示，单击✔按钮。

图 18-23

18.6 制作翅膀

1. 显示全部图形，将视图切换到前视图⬜。利用"直线✎"和"圆弧⌒"工具在六面体前面中心创建一个平面网格，画出企鹅左边翅膀图形，如图 18-24 所示，单击⬤按钮。

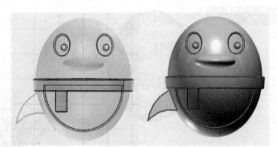

图 18-24

2. 单击"拉伸⬛"工具，对草图——翅膀进行拉伸，拉伸的厚度为 -2，如图 18-25 所示，单击✔按钮。

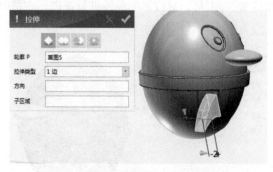

图 18-25

3. 将视图切换到左视图⬛，将翅膀移动到企鹅躯干中间位置，如图 18-26 所示。

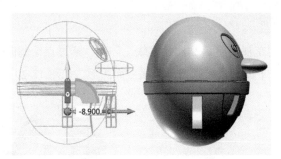

图 18-26

切换到"线框模式🔲"后对齐视角，会发现在躯干中间有一条垂直线，这表示将翅膀的中间垂直线和躯干垂直线重合了，这样很容易将翅膀移动到指定的位置。

4.单击"圆角🔵"工具，对翅膀边缘进行圆角，圆角参数为 0.25，如图 18-27 所示，单击✔按钮。

图 18-27

5.单击"镜像▲"工具，在弹出的对话框中将组合方式设为"加运算🔵"，方式设为线，点 1 和点 2 分别是六面体前面上下两条棱的中间点，如图 18-28 所示。

图 18-28

18.7　制作脚

1.将视图切换到左视图，利用"直线"和"通过点绘制曲线"工具在六面体左面中心创建一个平面网格，画出脚的横截面图形，如图 18-29 所示。

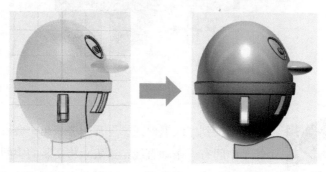

图 18-29

2.单击"旋转"工具，对画的草图——脚进行旋转，旋转的角度为 180，如图 18-30 所示。

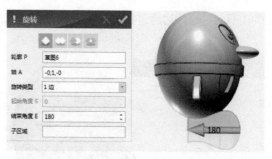

图 18-30

3.单击"移动"工具，让草图——脚围绕 y 轴（红色的轴）旋转 90，如图 18-31 所示，单击按钮。

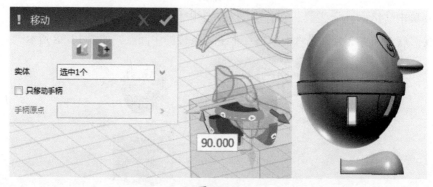

图 18-31

4. 单击"圆角 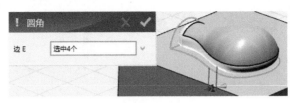"工具，对脚实体进行圆角，圆角参数为 1（根据实际情况而定），如图 18-32 所示，单击 ✓ 按钮。

图 18-32

5. 单击"移动 "工具，分别从左视图、前视图和下视图对脚模型进行移动，调整到适当的位置，如图 18-33 所示，单击 ✓ 按钮。

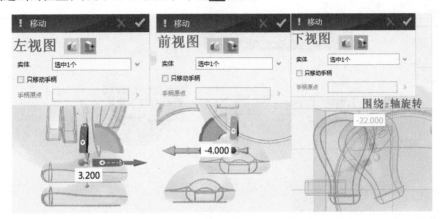

图 18-33

6. 单击"镜像 "工具，在弹出的对话框中将组合方式设为"加运算 "，方式设为线，点 1 和点 2 分别是六面体前面上下两条棱的中点，如图 18-34 所示，单击 ✓ 按钮。

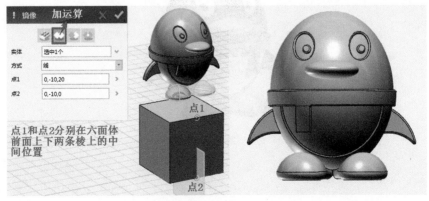

图 18-34

7. 单击"移动 🔧"工具，使嘴巴沿着 y 轴向左（从视角上向后）移动 -1.5，如图 18-35 所示，单击 ✅ 按钮。

图 18-35

8. 单击"组合编辑 🔳"工具，对嘴巴和其他部位进行"加运算 🔲"，如图 18-36 所示，单击 ✅ 按钮，删除六面体。

图 18-36

18.8 上色

使用"颜色 🔵"工具对企鹅进行上色，完成效果如图 18-37 所示。

图 18-37

小小设计家

想一想

在众多卡通角色中，你比较喜欢哪一个？

_____

_____

_____

_____

_____

画一画

把你喜欢的角色设计出来。

写一写

写写你的制作思路。

_____

_____

_____

_____

_____

评一评

对制作的角色进行自我点评，然后把作品上传到社区，让你的同学和朋友评一评，你也评一评同学的作品。

_____

_____

_____

_____

第 4 篇　3D 创意设计

本篇主要是在前 3 篇的基础上，让学生进入实践操作阶段，能够独立完成作品的创新。

那么什么是创新呢？在"第二十一届全国中小学电脑制作活动培训交流"会上对于第二十一届全国中小学电脑制作活动的解读中，关于什么是创新谈到了以下 4 点。

（1）用新方法解决老问题。

（2）用老方法解决新问题。

（3）用老方法解决老问题（做得更好，更有特色和想法）。

（4）用新方法解决新问题。

本部分所设计的案例主要是学生身边常见的事物，让学生去发现问题，然后进行设计去解决所发现的问题，每课（第 19、20 课除外）所设计的内容主要围绕项目概述、发现问题、分析问题、解决问题、创意说明、创意设计和制作过程这几个方面，具体框架结构如下。

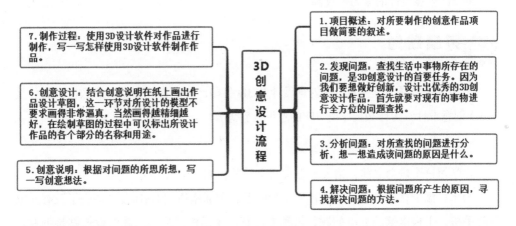

第 19 课

认识 3D 创意设计

学习目标

（1）知道什么是 3D 创意设计。

（2）了解学习 3D 创意设计的重要性。

（3）学好 3D 创意设计。

学习难点

对 3D 创意设计的学习与理解。

探索新知

作为 STEM 项目之一的 3D 创意设计及 3D 打印已经走进了课堂。那么，到底什么是 3D 创意设计？为什么要学习 3D 创意设计？怎样学习 3D 创意设计呢？

19.1 什么是 3D 创意设计

在学习这个概念之前，请大家思考两个问题，如表 19-1 所示。

为水杯添加杯把解决了拿水杯烫手的问题，为插座添加 USB 接口解决了没有充电器时手机、平板电脑的充电问题，这种能够解决生活中遇到的问题的设想就是创意。那么到底什么是 3D 创意设计呢？

3D 创意设计就是借助 3D 设计软件在计算机中创建三维立体模型，逼真地表达大脑中想象的设计模型效果的过程，也是一门将数学、技术、科学和艺术等融为一体的跨学科课程。

表 19-1

物品	问题	设想	
	使用无把水杯喝水，用手拿水杯时有什么感觉？怎样解决手拿水杯烫手的问题？		添加杯把
	在没有充电器，只有数据线的情况下，怎样用插座为手机、平板电脑充电？		添加 USB 接口

在 3D 创意设计过程中所制作的 3D 模型要突出"创新"，也就是说所设计的作品要有创新点。对于创新，我们要做好用新方法解决老问题、用老方法解决新问题、用老方法解决老问题（做得更好，更有特色和想法）和用新方法解决新问题等 4 点。

19.2　怎样学习 3D 创意设计

在 3D 创意设计过程中，要想设计一个优秀的作品，不是一件容易的事情，这就要求在学习过程中做到"一看、二想、三作、四坚持"。

一、看

看就是观察，它是制作 3D 创意设计作品的首要环节，也是一个很重要的环节。也许有人会问：那到底需要看什么呢？

1. 看物体的形体特征。

物体的形体特征就是物体的模样或形状。物体的特征在设计过程中很重要，设计的作品与实物像不像、是否精致，取决于对生活中物体的形体特征的把握。

2. 看优秀模型。

i3D One 青少年三维创意社区为我们提供了大量的优秀模型,并且每周制作一期"精选模型"，如图 19-1 所示。

图 19-1

可以在社区里浏览和下载感兴趣的优秀模型，如图 19-2 所示。

图 19-2

3. 看视频。

i3D One 青少年三维创意社区"创客课堂"中的"课程中心"提供了"官方入门""3D One 全国培训平台""专属推荐""热门佳作""章节课程"等，如图 19-3 所示，可根据自身需求选择观看。

通过观看这些视频，用户可以直观地看到 3D One 入门的基础操作，还可以看到自己喜欢的案例的整个操作过程，从中可以学到不同模型的建模方法和设计技巧。

图 19-3

二、想

想就是思考，它是"看"的延续，在制作过程中也是一个很重要的环节。在"想"这个环节，需注意以下两点。

1. 想结构。

结构是物体的核心支架，物体有什么样的结构就会有什么样的形体特征。因此，在 3D 创意设计过程中，要通过物体的表面特征分析其内部结构，这样能为后期的 3D 打印打下基础。例如，制作的"水烟壶"如图 19-4 所示。

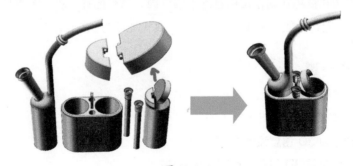

图 19-4

2. 想方法。

想方法就是在 3D 创意设计过程中，想一想什么样的形体结构该用什么样的方法制作出来。例如，"酒樽"樽身部分形体的制作方法是：复杂物体几何化—几何形体复杂化，如图 19-5 所示。

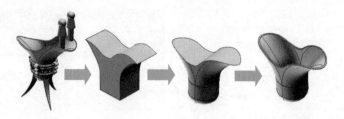

图 19-5

三、作

作就是制作，它是 3D 创意设计的最后环节，也是最关键的环节，决定着作品的成败。同时，它也是以上两个方面的延续和结果。制作过程就是把我们所看的物体进行思考分析，最后使用 3D One 制作成模型。

想要在 3D 创意设计方面成为"达人"，需要大量地制作生活中的各种物体的模型，做到熟能生巧。

四、坚持

坚持就是在掌握一定的制作方法和技巧后，不间断地制作。坚持在 3D 创意设计过程中是一个不容忽视的环节，只有坚持，才能巩固学到的制作方法；只有坚持，才能制作出更优秀的作品；只有坚持，才能使制作的 3D 作品不断创新。

总之，看、想和作这 3 个环节相辅相成，坚持是看、想和作这 3 个环节的一个保持，也是对操作方法和技巧在制作运用过程中的巩固。只有把看、想、作和坚持 4 个环节紧密地联系在一起，才能有所成、有所创新，真正地成为 3D 创意设计"达人"。

（1）什么是 3D 创意设计？

（2）怎样学习 3D 创意设计？

（3）你今后学习 3D 创意设计有什么计划？

第 20 课

3D 创意设计流程

（1）了解 3D 创意设计流程。

（2）能够根据 3D 创意设计流程设计 3D 作品。

3D 创意设计流程中的 3D 创意设计思路、创意设想。

3D 创意设计流程就是根据选定的题材制定创意思路，再进行 3D 创意设计的过程。在 3D 创意设计过程中，3D 创意设计流程有着至关重要的作用，因为它可以确定 3D 创意设计的目标，使整个 3D 创意设计过程有计划性和目的性。3D 创意设计流程如图 20-1 所示。

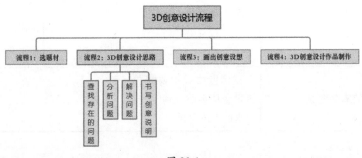

图 20-1

20.1　选题材

3D 创意设计中的题材指 3D 创意设计作品描绘的社会生活的领域，即现实生活中的某一方面，如"节约用水""节约用电""环境保护"等。

20.2　3D 创意设计思路

选好题材后，我们就可以对所选题材查找存在的问题，然后分析问题，最后解决问题。

第 1 步：查找存在的问题。

查找现有事物存在的问题是 3D 创意设计的首要任务。因为我们要想做好创新，设计出优秀的 3D 创意设计作品，首先就要对现有的事物进行全方位的问题查找。例如常用来喝水的茶杯，我们平时喝水时一不小心就会被烫着，如果长时间不喝水，水就会变凉，那么查找到的问题就是"我们喝水时为什么会被烫着，水长时间不喝为什么会变凉？"

第 2 步：分析问题。

对所查找到的问题进行分析，想一想造成该问题的原因是什么。例如平时喝水用的茶杯存在烫人问题的原因是人们喝水时不能精确判断水的温度，水变凉的原因是水在蒸发的过程中要吸热，热量会从水散发到空气中。

第 3 步：解决问题。

在 3D 创意设计过程中，经过分析找到现有事物存在的问题之后，就可以对所出现的问题"对症下药"了。例如"智能茶杯"案例中，针对"判断不清水的温度"这个问题，具体方法如表 20-1 所示。

表 20-1

存在问题	分析问题	解决问题		
喝水被烫	不能精确判断水的温度	温度传感器		
		显示屏	数字显示	
			常温指示灯（绿）	
			加温指示灯（红）	
长时间不喝的水会变凉	水在蒸发过程中要吸热，热量会从水散发到空气中，使水的温度降低	加热板		

第 4 步：书写创意说明。

书写创意说明是一个非常关键的环节，这个环节就是"根据对问题的所思所想，写一写创意想法"。

"智能茶杯"案例中的创意说明如下。

- 智能茶杯是一款多功能饮水工具，它主要由电源开关、显示屏、温度传感器、加热板和 USB 接口组成。

- 电源开关控制整个智能茶杯供电，使用时轻轻按下茶杯把上方的电源开关，让智能茶杯进入工作状态，此时温度传感器进入水温侦测状态，显示屏中会显示出当前水温。

- 当绿色的常温指示灯亮时，说明此时饮水正合适；当温度传感器侦测到水温过低时，就会自动启动茶杯底部的加热板对茶杯中的水进行加热，加热时红色的加温指示灯就会亮起，这样人们在饮水时就会方便很多。

- 在茶杯把下方设计一个 USB 接口，当智能茶杯供电不足时，可以通过数据线接入 USB 接口为智能茶杯充电。

20.3　画出创意设想

这一环节主要是结合创意说明在纸上画出作品设计草图，这一环节对所设计的模型不要求画得非常逼真，当然画得越精细越好，在绘制草图的过程中可以标出所设计作品的各个部分的名称和用途。"智能茶杯"草图如图 20-2 所示。

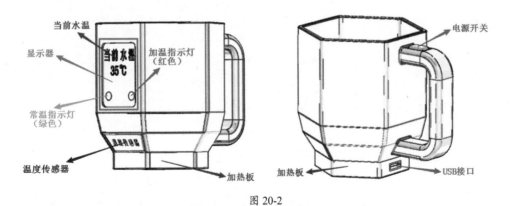

图 20-2

20.4　3D 创意设计作品制作

使用 3D One，结合"创意说明"和"创意设计"图纸设计出作品。这一环节是整个制作过程的重中之重，因为这一环节决定作品制作的成败。同时，在这一环节还要注意作品的"技术性"和"艺术性"，即在制作过程中，制作的模型结构要合理，美观大方。"智能茶杯"案例模型如图 20-3 所示。

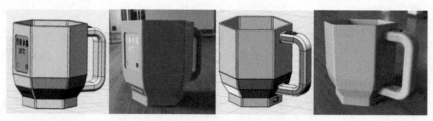

图 20-3

（1）简述 3D 创意设计流程。

（2）谈谈你对 3D 创意设计流程还有哪些看法。

第21课

智能茶杯

项目概述

　　茶杯在人们日常生活中非常常见，人们在品茶时，总会出现一些意想不到的问题。本课要求你结合对茶杯的了解，根据自己所发现的问题设计一款智能茶杯。

发现问题

　　你发现了哪些问题，或者你觉得有哪些地方需要改进？

分析问题

根据发现的问题，分析这些问题存在的原因。

解决问题

结合分析的原因，写出自己的解决办法。

创意说明

结合所思所想，写出自己的创意想法。

创意设计

结合创意说明画出智能茶杯的 3D 创意设计作品图纸。

制作过程

写出智能茶杯的制作过程。

课后反思

经验	不足	措施

第 22 课

创意小台灯

项目概述

　　台灯是人们生活中用来照明的一种家用电器，也是点缀房间的一种装饰品。结合自己所见过的台灯，设计一款既实用又节能的台灯。

 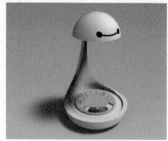

发现问题

　　结合自己所见到或使用过的台灯，你发现了哪些问题，或者你觉得有哪些地方需要改进？

分析问题

根据从台灯中发现的问题，分析这些问题存在的原因。

解决问题

结合分析的原因，写出自己的解决办法。

创意说明

结合所思所想，写出自己的创意想法。

创意设计

结合创意说明画出创意小台灯的 3D 创意设计作品图纸。

制作过程

写出创意小台灯的制作过程。

课后反思

经验	不足	措施

第 23 课

家用多功能水池

    水是人们生活中不可缺少的一部分，在使用过程中也出现了水资源严重浪费的现象。针对这种水资源浪费现象，设计一款避免浪费、节约用水的家用多功能水池。

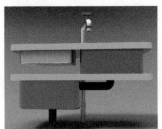

    结合自己所见到或使用过的水池，你发现了哪些问题，或者你觉得有哪些地方需要改进？

根据发现的问题，分析这些问题存在的原因。

结合分析的原因，写出自己的解决办法。

结合所思所想，写出自己的创意想法。

结合创意说明画出家用多功能水池的 3D 创意设计作品图纸。

写出家用多功能水池的制作过程。

经验	不足	措施

第 24 课

环保垃圾箱

项目概述

　　在街道、广场或商场摆放垃圾分类设施，把生活中产生的垃圾进行分类处理，有助于净化环境。结合生活中所见到的垃圾箱设计一款环保垃圾箱。

发现问题

结合自己所见到的垃圾箱，你发现了哪些问题，或者你觉得有哪些地方需要改进？

根据发现的问题，分析这些问题存在的原因。

结合分析的原因，写出自己的解决办法。

结合所思所想，写出自己的创意想法。

结合创意说明画出环保垃圾箱的 3D 创意设计作品图纸。

写出环保垃圾箱的制作过程。

经验	不足	措施

第 25 课

学习桌

项目概述

学习桌是一种新型、科学、人性化、实用的学习辅助工具，桌子高度可升降调节，桌面可自由倾斜。结合自己所见到的学习桌，为自己设计一款学习桌。

发现问题

结合自己所见到的学习桌，你发现了哪些问题，或者有哪些地方需要改进？

 分析问题

根据发现的问题，分析这些问题存在的原因。

 解决问题

结合分析的原因，写出自己的解决办法。

 创意说明

结合所思所想，写出自己的创意想法。

创意设计

结合创意说明画出学习桌的 3D 创意设计作品图纸。

制作过程

写出学习桌的制作过程。

课后反思

经验	不足	措施

第26课

未来教室

项目概述

　　未来教室是集成多种现代化科学技术的增强型教室，也是现代信息化教育人工智能的体现。它主要为现代信息化教育创造一种智能化的教学环境，在这种教学环境中，新技术教学设备和数字媒体能够有效地整合，充分发挥师生教与学的主动性和能动性。结合自己所在学校目前的教室教学环境，设计一个自己心目中的未来教室。

发现问题

　　结合自己所在学校的教室，你发现了哪些问题，或者你觉得有哪些地方需要改进？

 **分析问题**

根据发现的问题，分析这些问题存在的原因。

 解决问题

结合分析的原因，写出自己的解决办法。

 创意说明

结合所思所想，写出自己的创意想法。

结合创意说明画出未来教室的 3D 创意设计作品图纸。

写出未来教室的制作过程。

经验	不足	措施

第 5 篇　3D 打印

　　3D 打印作为一门快速成型技术的课程已经走进大、中、小学校园，成为 STEM 教育的一门重要课程。本篇主要介绍初识 3D 打印、设置 3D 打印机、认识切片软件和 3D 打印流程等 4 个方面的教学内容。

　　课程内容框架结构如下。

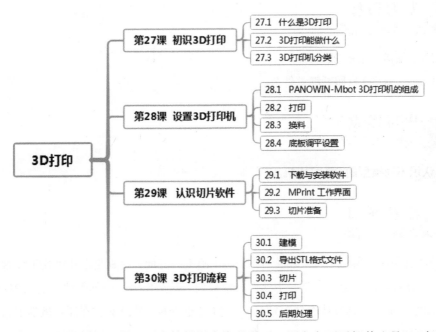

　　纵观整个框架结构，通过对本篇教学内容的学习，用户主要了解什么是 3D 打印，3D 打印能够做什么；了解 3D 打印机的组成及其打印和换料的方法，掌握 3D 打印机底板调平设置方法；了解切片软件的下载和安装方法，认识切片软件的工作界面，了解数字 3D 模型切片前对切片软件的程序设置方法；了解 3D 打印的流程。

第 27 课

初识 3D 打印

（1）知道什么是 3D 打印。

（2）了解 3D 打印能够做什么。

认识不同类型的 3D 打印机。

探索新知

3D 打印这个名词对大家来说不再是一个陌生的名词，特别是近几年 STEM 教育的推进，3D 打印已经走进大学、中学、小学校园，甚至作为一门创新课程进入 3D 创意设计课堂。那么，到底什么是 3D 打印？3D 打印能够做些什么？在课堂教学中怎样使用 3D 打印机打印呢？

27.1　什么是 3D 打印

3D 打印是一种以数字模型文件为基础，运用粉末状金属或塑料等可黏合材料，通过逐层打印的方式来构造物体的技术，是一种快速成型的技术。通俗地说，3D 打印就是将计算机制作的数字化虚拟模型通过 3D 打印机打印的方式变成现实实体的技术，如图 27-1 所示。

3D 打印机出现在 20 世纪 90 年代中期，实际上是利用光固化和纸层叠等技术的最新快速成型装置。它与普通打印机的工作原理基本相同，3D 打印机内装有液体或粉末等 "打印材料"，与计算机连接后，通过计算机控制把 "打印材料" 一层层叠加起来，最终把计算机上的虚拟三维模型变成实物，如图 27-2 所示。

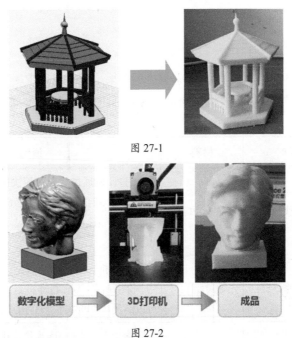

图 27-1

图 27-2

27.2　3D 打印能做什么

随着 3D 打印技术日趋成熟，3D 打印涉及的领域也日益广泛，在生活中经常可以看到 3D 打印的影子。例如航天航空、工业制造、生物医疗、消费品、建筑工程等领域，如图 27-3 所示。

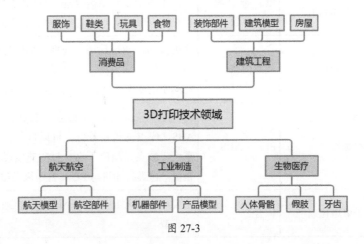

图 27-3

当然，在 3D 打印中，不同的应用领域使用的材料是不同的，例如航天航空部件使用的是钛合金、铝锂合金、高温合金等，建筑领域使用的是建筑垃圾制成的特殊"油墨"，服饰、玩具、鞋类等使用的是 ABS、PC、PLA 等 3D 打印材料，食物使用的是生活中常用的可食用材料。

27.3　3D 打印机分类

3D 打印机是 3D 数字化模型和成品模型的桥梁，在 3D 打印中起着至关重要的作用。根据在 3D 打印中使用的打印材料的不同，3D 打印机分类如表 27-1 所示。

表 27-1

类型	名称	材料	说明
FDM	熔融沉积快速成型	ABS 和 PLA	FDM 打印机通过熔融沉积快速成型，优点是价格便宜，可以打印任何想打印的物品；缺点是精度不高，打印速度慢，表面过于粗糙。多用于家庭和学校
SLA	光固化成型	光敏树脂	这类打印机通过光固化成型，主要材料是光敏树脂。价格相对 FDM 打印机更高，但它的精度很高，可以满足模型玩家和家庭用户的使用要求
3DP	三维粉末粘接	粉末材料	主要用于工业生产，因为价格比较昂贵，所以家庭、学校一般不会去购买这类打印机。这类打印机通过三维粉末粘接
SLS	选择性激光烧结	粉末材料	主要也是用于工业生产和军工业生产。这类打印机通过选择性激光烧结
LOM	分成实体制造	纸、金属膜、塑料薄膜	目前生活中不是很需要这类打印机，但它依旧有存在的价值。这类打印机通过分成实体制造
DLP	数字光处理	液态树脂	这类打印机通过数字光处理，主要材料是液态树脂。它的精度很高，可以满足模型玩家和家庭用户的使用要求。这类打印机跟 SLA 打印机类似
FFF	熔丝制造	PLA、ABS	FFF 打印机通过熔丝制造，主要材料是 PLA、ABS。优点是价格较低，可以打印任何想打印的东西。缺点是精度不高，打印速度慢，表面过于粗糙。这类打印机与 FDM 打印机类似
EMB	电子束熔化成型	钛合金	主要用于航天工业等。EMB 打印机通过电子束熔化成型

根据 3D 打印机使用的范围可分为桌面 3D 打印机和工业 3D 打印机,桌面 3D 打印机体型小、成型尺寸受限,价格相对来说较低,适用于家庭、学校等;工业 3D 打印机体型较大,价格高,相对于桌面 3D 打印机来说打印精度高、速度快、成型尺寸大,主要适用于工业制造。

学校开设 3D 打印课程时,一般使用的是 FDM 熔融沉积快速成型技术桌面 3D 打印机,如图 27-4 所示,因为这种打印机价格较低,可以打印任何想打印的物品;缺点是精度不高,打印速度慢,表面过于粗糙。

图 27-4

（1）什么是 3D 打印?

（2）在我们的生活中,3D 打印能够做什么?

第 28 课

设置 3D 打印机

学习目标

（1）了解 3D 打印机的主要组成结构。
（2）知道换料的方法。
（3）掌握底板调平的操作方法。

学习难点

3D 打印机底板的调整。

探索新知

　　3D 打印作为中小学的一门课程，除去相应的 3D 设计软件，3D 打印机是最不可缺少的，常见的就是 FDM 熔融沉积快速成型技术桌面 3D 打印机。

　　本课以 PANOWIN-Mbot 入门级 3D 打印机为例，讲解在 3D 打印过程中 3D 打印机的设置方法。

28.1　PANOWIN-Mbot 3D 打印机的组成

　　3D 打印机又称为三维打印机，是一种快速成型装置，通过层层堆积的方式制作出三维模型。

　　之所以称之为三维打印机，是因为在打印过程中喷头主要是沿 x 轴、y 轴和 z 轴等 3 个轴向运动的，或者喷头沿 x 轴和 y 轴运动，底板沿 z 轴运动，如图 28-1 所示。

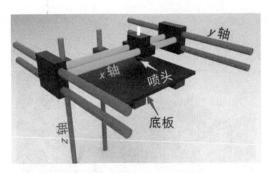

图 28-1

PANOWIN-Mbot 3D 打印机主要由 x 轴滑竿、y 轴滑竿、z 轴螺旋杆、底板、显示屏、旋转按钮、风扇与喷头，以及 SD 卡接口或 USB 接口等组成，如图 28-2 所示，除此之外还有传送带和驱动装置。

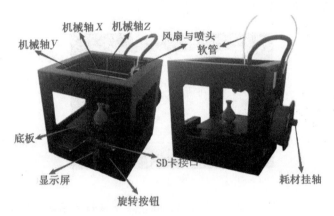

图 28-2

- 机械轴：主要由 x、y 和 z 等 3 个不同坐标方向的滑竿或螺旋杆组成，构成了 x、y 和 z 等 3 个坐标方向空间，其中机械轴 z 是垂直的螺旋杆。
- 喷头（打印头）：材料挤出成型的主要部件，在打印过程中喷头可以将耗材加热融化并使其挤出到底板，同时不间断地沿着机械轴 x、y 方向运动，如图 28-3 所示。

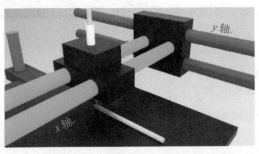

图 28-3

- 底板：三维模型成型的平台，在 3D 打印过程中喷头挤出的材料粘贴到底板上，
  这样层层堆积成三维模型，如图 28-4 所示。

图 28-4

- 显示屏：显示 3D 打印机的设置信息，如图 28-5 所示，显示屏能够直观地显示
  对 3D 打印机的设置。

图 28-5

- 旋转按钮：对 3D 打印机进行设置的按钮，按下按钮是确定，旋转按钮是选择或
  者调整数值，如图 28-6 所示。

图 28-6

28.2 打印

打印就是通过打印机将数字三维模型转化成为实体三维模型。在 3D 打印过程中，
这一环节是三维模型输出成型的非常重要的环节。

1.在 3D 打印机中插入 SD 卡，通过旋转按钮可以选择"打印"选项，如图 28-7 所示。

图 28-7

2. 按下按钮调出 SD 卡中存储的切片格式文件，如图 28-8 所示。

图 28-8

3. 通过旋转按钮选择所要打印的切片文件，按下按钮底板沿着机械轴 z 上升，喷头进入预热状态，直到预热到设置的 190℃ ~ 210℃，如图 28-9 所示，打印机就开始进行打印工作。

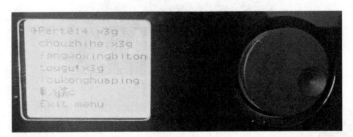

图 28-9

操作提示

在打印过程中，如果出现打印故障或换料，按下按钮就可以对打印模型进行暂停、取消打印、换料等。

28.3 换料

换料就是在 3D 打印过程中，材料用尽后换取新的材料。它主要包括预热、进料、退料和退出，如图 28-10 所示。在操作中通过旋转按钮选择选项，按下按钮执行选项。

图 28-10

- 预热：喷头加热使丝料融化。
- 进料：将材料插入进料口，如图 28-11 所示，等待预热完成。

图 28-11

 进料时，注意将丝线通过穿线口穿过软管，然后插入打印头进料口，如图 28-11 所示。

- 退料：预热完成，将材料从进料口取出，如图 28-11 所示。
- 退出：完成进料或退料后，退出换料。

28.4 底板调平设置

3D 打印机用久了，设置上就会出现一些偏差，例如打印底垫和底板黏合度不够导致底垫不牢固，或者底板和喷头之间距离过近致挤不出丝料，这就需要对底板进行调平设置。

1.通过旋转按钮选择"底板调平"选项，按下按钮进入底板调平设置界面，如图 28-12 所示。

图 28-12

2.等待 1 分钟左右切换到"本操作将会重置底板校准参数，确认请按按钮"界面，如图 28-13 所示。

图 28-13

3.用工具逆时针将打印平台的 3 点调到最低位置，按下按钮确认，如图 28-14 所示。

图 28-14

4.寻找最高点，如图 28-15 所示。

图 28-15

5. 调节左后方螺母至 LED 灯亮，然后按下按钮，如图 28-16 所示。

图 28-16

6. 提示打印平台水平校验中，如图 28-17 所示。

图 28-17

等待 1 分钟左右，直到弹出打印底板未调平请重试的提示界面，按下按钮继续，如图 28-18 所示。

图 28-18

7. 开始校准底板和打印头间距，如图 28-19 所示。

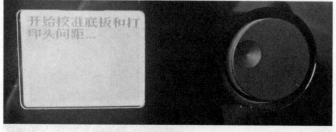

图 28-19

直到弹出"打印头预热中，请等待…"的提示界面，如图 28-20 所示。

图 28-20

等待打印头加热完成，按下按钮继续，如图 28-21 所示。

图 28-21

8.清理打印头上的丝料，然后按下按钮确认，如图 28-22 所示，需要注意的是如果打印头上没有黏着的丝料，直接按下按钮即可。

图 28-22

9.将一张 A4 纸小心地放在已加热的打印头和底板之间，按下按钮继续，如图 28-23 所示。

图 28-23

按下按钮，抽动纸张直到和打印头有刮擦感，然后旋动旋钮取消即可完成校准，如图 28-24 所示。

图 28-24

注意在这一环节有一个"按按钮继续"的提示，如图 28-25 所示，调整打印头和底板之间的间距，直到抽动纸张和打印头有刮擦感。

图 28-25

10. 调整好打印头和底板之间的间距后，旋转按钮取消打印，如图 28-26 所示。

图 28-26

然后就会弹出"取消打印中，取消构建中"的提示界面，如图 28-27 所示。

图 28-27

此时打印头回到原位，底板降落到底部，显示屏内容返回到最初桌面，如图 28-28 所示。

图 28-28

操作提示

其实底板调平设置比较简单，在设置过程中根据 LED 显示屏中的提示信息操作即可。

课后说一说

（1）3D 打印机主要由哪几部分组成？

（2）怎样对底板进行调平？

（3）结合实际情况了解并操作自己身边的 3D 打印机。

第 29 课

认识切片软件

（1）知道什么是切片。

（2）了解 MPrint 切片软件的安装方法。

（3）熟悉 MPrint 切片软件界面。

（4）掌握 MPrint 切片软件各项参数的设置方法。

MPrint 切片软件参数的设置。

在 3D 打印过程中一个至关重要的环节就是对模型进行切片，切片实际上就是一层一层地切割 3D 模型，并将切片后的文件存储成与 3D 打印机相匹配的切片文件格式，这种格式是 3D 打印机能直接读取并使用的文件格式。

在 3D 打印中，对 3D 模型切片的软件比较多，常用的切片软件有 Cura、S3d、Repetier Host 等，但是并不是每一款切片软件都适合用于 3D 打印机，这就要求在 3D 模型切片之前选好一个与 3D 打印机相匹配的切片软件。

本课以切片软件 MPrint 为例，讲解切片软件的使用方法。

MPrint 切片软件是一款智能的打印软件，有着智能的打印模式，可进行多种文件的打印。

29.1 下载与安装软件

下载中文版 MPrint 安装程序，打开网址后，可以看到有 Windows 和 Mac 两个系统版本，根据计算机系统选择性下载，如图 29-1 所示。

图 29-1

MPrint 安装程序下载完成后，就可以根据下面的步骤进行安装。

1. 双击 MPrint 安装程序。

2. 单击"Next（下一步）"按钮，如图 29-2 所示。

图 29-2

3. 单击"Browse…（浏览）"按钮更改安装路径（默认安装路径是 C:\Program Files (x86)\MPrint，更改路径可以通过自定义的形式将程序安装到指定的盘符中，这样可以达到优化 C 盘符的运行空间的目的），指定安装路径后单击"OK（好）"按钮，然后再单击"Next（下一步）"按钮，如图 29-3 所示。

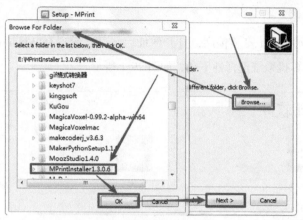

图 29-3

4. 单击 "Next（下一步）" 按钮，再单击 "Next（下一步）" 按钮，如图 29-4 所示。

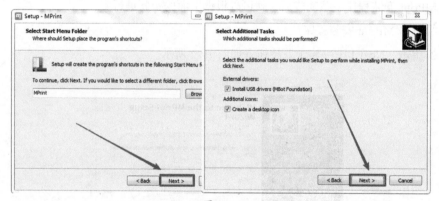

图 29-4

5. 单击 "Install（安装）" 按钮即可，如图 29-5 所示。

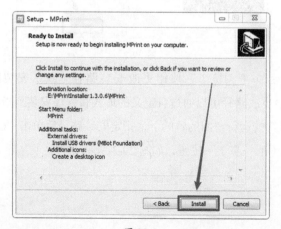

图 29-5

6. 根据弹出的对话框中的提示信息进行下一步安装，直到安装完成，单击"Finish（完成）"按钮，如图 29-6 所示，然后就可以启动 MPrint 程序。

图 29-6

29.2　MPrint 工作界面

MPrint 程序安装完成后，会自动在计算机桌面上添加一个 MPrint 快捷方式，双击这个快捷方式就可以启动 MPrint 程序，如图 29-7 所示。

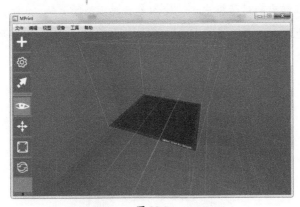

图 29-7

进入 MPrint 工作界面后，按住鼠标右键可以旋转界面，向上滚动鼠标中键可以缩小界面，向下滚动鼠标中键可以放大界面。

界面的上方是菜单栏，界面左侧是工具栏，中间最大的区域就是工作区，工作区中有一个带有底板的蓝色模型显示区域。工具栏主要包含"增加 ➕""设置 ⚙""导出 ↗""视图 👁""移动 ✛""缩放 ▣""旋转 ↻"等工具，如图 29-8 所示。

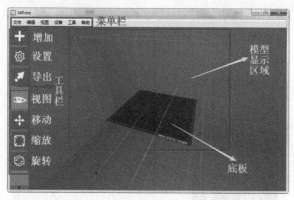

图 29-8

- "增加➕"工具：导入 STL 格式文件。

- "设置⚙"工具：可以对导入的 STL 格式文件进行切片，进行"精度""质量""材料""温度"等参数的设置。

- "导出⬈"工具：将切好片的模型导出为适合 3D 打印机打印的切片软件格式。

- "视图👁"工具：按住鼠标左键可以任意调整视角，在任意工具中按住鼠标右键也可以任意调整视角。

- "移动✛"工具：选中模型，按住鼠标左键拖曳鼠标可以调整模型位置，右击模型可以在弹出的对话框中通过输入参数对模型的 x 轴、y 轴和 z 轴进行精确设置，当然也可以将其放于底板上、居中或者重置，如图 29-9 所示，在界面空白处单击对话框就会消失。

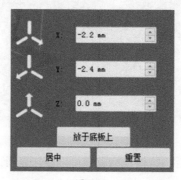

图 29-9

- "缩放▣"工具：选中模型向上或向下滚动鼠标中键可以对模型进行同等比例缩放，右击模型可以在弹出的对话框中通过输入参数精确地调整模型的 x 轴、y 轴和 z 轴的尺寸大小，如图 29-10 所示，在界面空白处单击对话框就会消失。

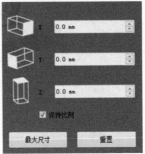

图 29-10

- "旋转🔄"工具：选中模型，按住鼠标左键拖曳鼠标可以使模型围绕着 z 轴进行旋转，右击模型可以在弹出的对话框中通过在 x 轴、y 轴和 z 轴中输入参数精确地设置模型的旋转角度，如图 29-11 所示，在界面空白处单击对话框就会消失。

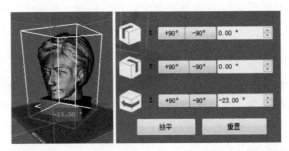

图 29-11

29.3　切片准备

初次使用 MPrint 软件对模型进行切片之前，要对软件进行设备和参数设置。

单击菜单栏中的"设备"菜单，弹出"连接到新设备"和"选择设备类型"子菜单，在"选择设备类型"子菜单中可以选择相匹配的设备，如图 29-12 所示。

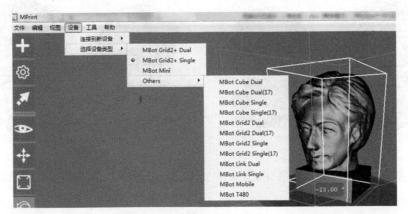

图 29-12

在使用切片软件的过程中，参数的设置直接影响着 3D 打印模型的打印质量，所以在对 3D 模型进行切片之前，参数的设置非常关键。单击工具栏中的"设置⚙"工具，弹出"MBotSlicer 参数设置"对话框，如图 29-13 所示。

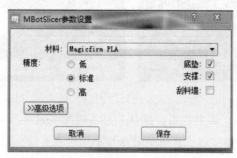

图 29-13

"MBotSlicer 参数设置"对话框主要由材料、精度、底垫、支撑、刮料墙和高级选项等组成。

- 精度：MPrint 软件提供了低精度、标准精度和高精度 3 种方式，在 3D 打印过程中可根据自身的需要设置精度，一般精度越高，打印的时间就越长，模型越细致。
- 底垫：打印的模型下面打印的几层与底板接触的面，它与底板相接处有一定的黏合力，黏合力使其粘贴到底板上，这样在 3D 打印过程中可以增加模型打印的稳定程度，如图 29-14 所示。
- 支撑：软件根据模型结构和预设的支撑角度自动生成支撑结构，在 3D 打印中它主要是对模型中的悬空部分起到支撑作用，使悬空部分不出现塌陷，从而使打印的模型不变形，如图 29-15 所示。需要注意的是支撑越多，在打印过程中使用的材料就越多，用时就越长。

图 29-14   图 29-15

在参数设置过程中，如果有更多的设置要求，可以单击"高级选项"按钮进行更多设置，如图 29-16 所示。

- 填充密度：对模型内部实心填充实施封闭的百分比，内部填充对模型表面起着定位和支撑的作用。在3D打印过程中，填充的密度越大，打印的模型内部结构就越紧密，模型的强度就越高，在同等的打印条件下，使用的材料就越多，打印时间就越长。

- 层厚：3D打印过程中每打印完一层，底板沿着z轴下降的高度或者打印机喷头上升的高度，如图29-17所示。

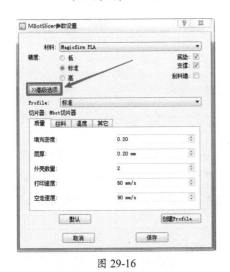

图 29-16

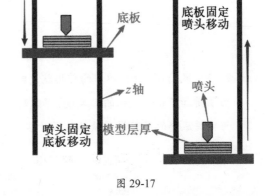

图 29-17

对模型进行分层时，层厚越小，采样就越多，打印的模型就越接近实体。当模型轮廓沿着z轴变化较大时，层厚的设置直接体现出模型打印的精度，如图29-18所示。

图 29-18

- 外壳数量：模型轮廓的密封层数，通常该参数为2。

- 打印速度：喷头挤出材料时移动的速度，一般情况下打印速度设置为40~100mm/s。在3D打印中，打印速度和打印精度成负相关，如果要求打印精度高，那么就降低打印速度；如果要求打印速度快，那么就降低打印精度。

- 空走速度：喷头不挤出材料时移动的速度。在 3D 打印中，它主要用于喷头从一个位置移动到另一个位置。
- 丝料：在 3D 打印中，不同的 3D 打印机在选择丝料时需要的规格不同，在 MPrint 中统一采用的是线丝直径为 1.75mm 规格的丝料，如图 29-19 所示。

图 29-19

- 风扇：风扇在 3D 打印中的作用就是对喷头挤出的材料进行冷却。在打印过程中为了增加底垫和底板的黏合度，不出现黏合不牢固或翘边现象，一般不开启风扇。可根据底垫的层厚设置风扇是否开启，一般设在第 4 层开启风扇，如图 29-20 所示。

图 29-20

- 温度：这里是指喷头温度，它和材料的特性密切相关。一般情况下 3D 打印所使用的 PLA 最佳温度是 190 ~ 210℃，如图 29-20 所示，当然，不同特性的 PLA 材料在温度上也有差异。

（1）MPrint 程序界面主要由哪几部分组成？

（2）简述 MPrint 程序界面工具栏中各个工具的用途。

（3）在 3D 打印中，对模型进行切片之前怎样对切片软件进行设置？

第 30 课

3D 打印流程

（1）初步认识 3D 打印流程。
（2）能够使用切片软件对 STL 格式文件进行切片。

学习难点

（1）对 STL 格式文件进行切片时参数的设置。
（2）3D 打印过程中故障的处理。

探索新知

  进行 3D 打印时，除了熟悉 3D 打印机的操作方法之外，还得掌握 3D 建模技巧，也就是说 3D 建模是 3D 打印的前提，这样就可以借助 3D 打印机将 3D 模型打印出来。3D 打印流程是"建模（三维设计）——导出 STL 格式文件——切片——打印——后期处理"，具体操作流程如图 30-1 所示。

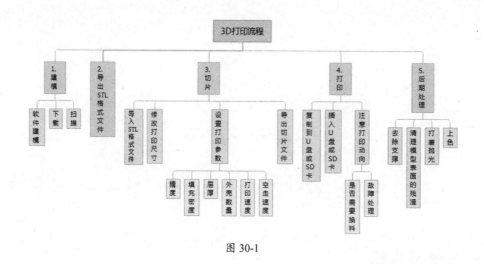

图 30-1

30.1 建模

建模就是使用 3D 设计软件根据自己的设计思路创建模型，如图 30-2 所示，当然也可以在网上直接下载模型。

图 30-2

30.2 导出 STL 格式文件

STL 格式是计算机图形应用系统中用于表示三角形网格的一种文件格式。STL 文件格式非常简单，应用也很广泛，是很多快速原型系统所应用的标准文件类型。

例如在 3D One 建模中，我们可以选择主菜单中的"导出"命令，把创建好的模型导出为 STL 格式文件，如图 30-3 所示。

图 30-3

30.3　切片

打印之前使用切片软件 MPrint 对 3D 数字模型进行切片，具体切片操作如图 30-4
所示。

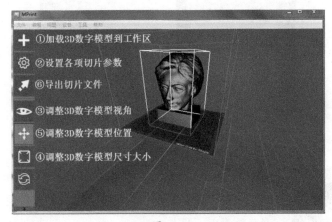

图 30-4

操作提示

　　1. 不同品牌的 3D 打印机都有与之相匹配的切
片软件，在切片过程中一定要考虑切片后的文件格
式是否与你所使用的 3D 打印机相匹配。
　　2. 如果对切片程序进行过相应设置，在切片过
程中则可以跳过设置这一环节。

30.4 打印

启动 3D 打印机，使用 U 盘或 SD 卡将切好片的格式文件传输到 3D 打印机，同时准备好打印材料、调试底板，设定打印参数，开始打印。

注意在打印过程中及时关注打印动向，即关注是否出现需要换料、喷头堵塞、打印模型底垫不稳等问题。

30.5 后期处理

作品打印完毕后，就可以对打印的作品去除支撑，清理模型表面的残渣，进行打磨抛光，如图 30-5 所示。

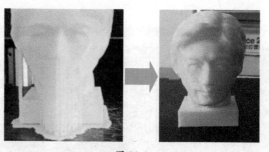

图 30-5

在后期处理或加工过程中，如果需要对模型上色，注意以下两点。

1. 涂色要均匀。

2. 涂抹颜色时，大地方用大笔，细节地方用小笔。

课后说一说

（1）简述 3D 打印的流程。

（2）设计一个小作品，并对其进行打印，然后谈谈对 3D 打印的感受。

附录 1　3D 创意设计表单

学校		姓名		年级		时间	
作品名称							
发现问题	结合实际情况，写写物品当前还存在哪些问题？						
分析问题	结合所发现的问题，想一想存在问题的原因是什么？						
解决问题	如何解决分析出的问题（用什么办法去解决问题）？						
创意说明	根据对问题的所思所想，写一写创意想法（创意构思、作品介绍和作品制作过程）。						
创意设计							
根据创意说明画出作品设计草图（作品美观，结构合理）。							

附录 2　3D One 工具介绍

工具类型	图形	工具名称	功能
基本实体		六面体	创建六面体
		球体	创建球体
		圆环体	创建圆环体
		圆柱体	创建圆柱体
		圆锥体	创建圆锥体
		椭球体	创建椭球体
草图绘制		矩形	绘制矩形
		圆形	绘制圆形
		椭圆形	绘制椭圆形
		正多边形	绘制正多边形
		直线	绘制直线
		圆弧	绘制圆弧
		多段线	绘制多线段
		通过点绘制曲线	绘制曲线
		预制文字	添加文字
		参考几何体	投影造型的边到草图平面中
草图编辑		链状圆角	创建两条曲线间的圆角
		链状倒角	创建两条曲线间的斜角
		单击修剪	删除多余的线段
		修剪/延伸曲线	将曲线延伸或缩短到指定点
		偏移曲线	偏移复制
特征造型		拉伸	将草图拉伸成实体或曲面，输入拔模角度产生锥体
		旋转	将草图沿轴线旋转一圈或一定角度形成实体
		扫掠	使草图沿着一条路径移动形成曲面或实体
		放样	连接多个轮廓构成曲面或实体

工具类型	图形	工具名称	功能
特征造型		圆角	在实体的边线上创建圆角
		倒角	在实体的边线上创建倒角，产生一个斜面
		拔模	改变实体所选边的相对边的长短或大小
		由指定点开始变形实体	通过点使实体变形，达到"泥捏"效果
其他		自动吸附	将一个实体的面的中心吸附到另一个实体的面的中心
		组合编辑	对多个实体做加运算、减运算和交运算
		距离测量	用于测量实体中点到点、体到点、体到体、面到点的距离
		颜色	对实体赋予材质和颜色
特殊功能		抽壳	去掉实体内部，仅保留外壳，可设置外壳厚度
		扭曲	使实体自行扭转一个角度
		圆环折弯	使实体双向弯曲
		浮雕	在曲面上将图片转变成立体的浮雕造型
		镶嵌曲线	在曲面上根据轮廓曲线生成实体或凹陷
		实体分割	利用一条曲线将实体沿曲线分割生成两个实体
		圆柱折弯	将实体沿着某个面进行弯曲
		锥削	改变实体的一个面与另一个面的角度，产生类似于梯台的效果
		曲面分割	利用曲面上的曲线，将曲面分割成两个或多个曲面
		投影曲线	将草图曲线投影到其他平面或曲面上，可选择一个投影方向
基本编辑		移动	将实体从一个点移动到另一个点，也可沿轴旋转
		缩放	修改选中实体的大小比例
		阵列	使实体按照一定方式复制摆放
		镜像	使草图或实体通过一条直线或一个平面复制出与其对称的草图或实体
		DE 移动	移动实体面来改变实体的形状
		对齐移动	含有重合、相切、同心、平行、垂直、角度等 6 种临时约束，可在实体与实体之间建立临时关系，而不是永久约束
		分割	借助草图绘制中的直线对导入的 STL 格式文件进行分割

附录 3　3D One 快捷键

快捷键	功能	操作解读
Ctrl+N	新建图纸	
Ctrl+O	打开图纸	
Ctrl+S	保存图纸	
Ctrl+V	粘贴实体	
Ctrl+X	剪切实体	
Ctrl+Y	重做	回到下一步
Ctrl+Z	撤销	回到上一步
Delete	删除	
BackSpace		
Esc	取消命令	
Ctrl+1	设置旋转中心	1. 按 Ctrl 键后，在平面网格中设置实体旋转中心 2. 单击鼠标右键，可看到设置的中心点
Ctrl+0	重置旋转中心	用于将设置过的旋转中心重置到坐标原点
Ctrl+2	通过画多段线方式选择实体	1. 按快捷键 Ctrl+2 后，启动画多线段方式，对创建的实体进行多线段选择 2. 按鼠标中键完成操作
Ctrl+A	最大化显示实体	按快捷键 Ctrl+A 后，可将所创建的实体最大化显示
Ctrl+C	复制实体	1. 先选择实体 2. 按快捷键 Ctrl+C，在弹出的"复制"对话框中输入起始点和目标点 注意：将起始点和目标点均设为 0，这是在实体原点进行复制
Ctrl+D	显示实体尺寸	可以直观地看到所创建模型的长、宽、高等具体的尺寸
Ctrl+F	切换线框模式和渲染模式	
Ctrl+W	局部最大化显示	1. 按快捷键 Ctrl+W 后，出现"十"字线 2. 通过两次单击选择所要放大的区域
Ctrl+ 方向键	切换视图	按↑键切换到上视图　按↓键切换到前视图 按←键切换到左视图　按→键切换到右视图
Ctrl+Delete	取消选择集中的上一个选择	对于选择的多个实体或面，按快捷键 Ctrl+Delete 会实现依次取消所选择的实体
Ctrl+Home	视图自动对齐到选定面	

常规操作：Ctrl+N ～ Esc

基本操作：Ctrl+1 ～ Ctrl+Home